Carl von Neumann

Über das Maximum der Dichtigkeit beim Meerwasser

Carl von Neumann

Über das Maximum der Dichtigkeit beim Meerwasser

ISBN/EAN: 9783955623586

Auflage: 1

Erscheinungsjahr: 2013

Erscheinungsort: Bremen, Deutschland

@ Bremen-university-press in Access Verlag GmbH, Fahrenheitstr. 1, 28359 Bremen. Alle Rechte beim Verlag und bei den jeweiligen Lizenzgebern.

Ueber das

Maximum der Dichtigkeit

beim

Meerwasser.

Ein Beitrag zur Physik der Meere.

Inaugural-Abhandlung

zur Erlangung der philosophischen Doctorwürde
in München

von

Carl von Neumann

aus Curland.

München, 1861.
Druck von J. G. Weiss, Universitätsbuchdrucker

Herrn

Dr. Johann Philipp Gustav Jolly,

o. ö. Prof. der Physik, Direktor des physik. Seminars, und
ord. Mitglied der k. Akademie der Wissenschaften
in München, Ritter des Verdienstordens vom heil.
Michael und des grossherz. bad. Ordens vom
Zähringer Löwen.

Der Verfasser.

Hochverehrter Herr Professor!

Indem ich diese Abhandlung der Oeffentlichkeit übergebe, liegt mir die angenehme Pflicht ob, Ihnen an diesem Orte meinen innigen Dank auszusprechen, für die grosse Freundlichkeit, mit der Sie mir bei meinen Arbeiten mit Rath und That zur Seite standen.

Genehmigen Sie die Zueignung dieser Erstlinge meiner physikalischen Studien als Ausdruck der vollsten Hochachtung und Ergebenheit

Ihres dankbaren Schülers

Carl von Neumann.

Ueber das Maximum der Dichtigkeit beim Meerwasser.

Ein Beitrag zur Physik der Meere.

Für die Physik der Meere ist die Frage nach einem etwaigen Maximum der Dichtigkeit des Meerwassers von vielfachem Interesse. Giebt es ein solches Maximum, so würde, ähnlich wie bei Süsswasserseen, an allen Orten, in welchen an der Oberfläche des Wassers, im Verlaufe des Jahres jene Temperatur des Maximums eintritt, das specifisch schwerere Wasser niedersinken, es würde, bei dem Zusammenhange der Polarmeere mit den Meeren südlicher Breiten, das dichtere und schwerere Wasser zu einer Quelle submariner Strömung werden müssen, welche in dem Grade reichlicher flössen, in welchem der Ersatz ein reichlicherer ist. Es würde zu erwarten sein, dass in den Polarmeeren die Temperatur der oberen Wasserschichten niedriger als die der unteren wäre; dass also von oben nach unten, eine Temperaturzunahme eintreten würde. Ebenso würde zu erwarten sein, dass in allen beträchtlicheren Einsenkungen des Meeresbodens, auch in südlicheren Breitegraden, Wasser von der Temperatur der grössten Dichtigkeit sich ansammeln würde, und dass Wasser von tieferer Temperatur, als die der grössten Dichte beträgt, am Boden des Meeres nie vorkommen könnte. Gegen diese letzte Behauptung könnte man einwenden, dass die innere Erdwärme hinreichen könnte, um das kältere Wasser wieder specifisch leichter zu machen, so dass es sich nicht in Bodeneinsenkungen ansammeln könnte. Nun ist aber die einzige Wirkung der inneren Erdwärme, ausser den lokalen vulkanischen, an der Oberfläche unseres Erdballes nur beobachtet worden an dem Abschmelzen der Gletscher im Winter. Diese einzige Manifestation der inneren Erdwärme an der Erdoberfläche, ist aber so geringfügig, dass sie nicht im Stande wäre, einen Strom kalten Wassers auch nur um Bruchtheile eines Grades zu erwärmen.

Das kalte Wasser könnte daher nicht specifisch leichter werden, und müsste nothwendigerweise als das schwerste die tiefsten Punkte suchen und bleibend innehalten.

Wir kommen später auf diese Hypothesen zurück, und zu den in der That angestellten Messungen, und wenden uns fürs erste zu den Betrachtungen, die schon über die Erscheinung des Dichtigkeits-Maximums bekannt sind.

Diese Betrachtung zerfällt, ausser einer historischen Einleitung, in drei Theile:

I. Die Erscheinung des Dichtigkeits-Maximums an reinem Wasser,
II. an Salzlösungen,
III. am Meerwasser.

Historisches.

Die räthselhafte Eigenthümlichkeit des Wassers sich beim Erkälten unter $+ 4°$ C. auszudehnen, wurde schon von den Mitgliedern der Academia del Cimento[1], bei ihren Versuchen über die Entstehung des Eises, im Jahre 1648 zu Florenz beobachtet, und nachher durch den Dr. *Crowne*[2]

---

(1) Muschenbroeck: Additamentum ad tentamina Academiae del Cimento I. p. 146.
(2) Philosophical Transactions. 1670. Vol. V. p. 2020.

bestätigt, auch erwiesen, dass die Ursache hievon nicht in der Zusammenziehung des Glases liege, wie Dr. *Cooke*[3] glaubte und nach ihm noch *Monge*, *Prony*[4] und *Tardi de la Brossy* annehmen wollten. Indess war J. A. *de Lüc*[5] der erste, welcher diese Untersuchung aufs Neue anstellte. Er beobachtete den Stand des Wassers in einer etwas starken, mit einer Kugel versehenen Thermometerröhre, bei verschiedenen Temperaturen (Eine Kritik über die Genauigkeit dieser seiner, und der später noch zu beschreibenden Methoden, werden wir vor der eigentlichen Messung geben.)

De Lüc, ebenso wie nach ihm *Kirwan*[6], bei seinen Bestimmungen der ungleich wachsenden Dichtigkeit des Wassers, hatten die Correction wegen der Zusammenziehung des Glases in Rechnung zu nehmen versäumt, welches nachher durch die beiden englischen Physiker *Blagden* und *Gilpin*[7] geschah. Nach diesen ist der Punkt der grössten Dichtigkeit bei $+ 4°$ C., und das Wasser hat dann für die folgenden Grade der Temperaturen eine ziemlich gleichmässige Ausdehnung. Die von ihnen gebrauchte Messungsmethode bestand darin, dass sie eine Flasche von 2,8" Durchmesser, bis zu einem gewissen Zeichen mit Wasser füllten, welches eine verschiedene Temperatur hatte, und dessen Volumen-Veränderungen sie durch die Wage bestimmten.

Noch zwei andere Engländer, *Dalton*[8] und *Crichton*[9], stellten Versuche über die Ausdehnung des Wassers in

---

(3) Birch. History of the royal Society.
(4) New. Archit. Hydr., übersetzt von Langsdorf I p. 280.
(5) J. A. de Lüc Grundriss der Physik Bd. II. p. 637.
(6) Phil. Trans. LXXV. p. 267.
(7) Phil. Trans. LXXXIII. p. 311.
(8) Mem. of the Soc. of Manchester V. P. II. p. 373. G. XIV. p. 293. Neues System des chem. Theils der Natur-Wissenschaften 1. p. 36.
(9) Ann. of Phil. 1823. XXX. p. 401.

thermometer-ähnlichen Apparaten an. Beide fanden den Punkt der grössten Dichte zu hoch, weil auch sie die Glasausdehnung vernachlässigten. *Dalton* war ausserdem der erste, der darauf aufmerksam machte, dass das Wasser, unter gewissen Umständen, weit unter 0° erkältet werden könne, ohne zu erstarren [10]. Bei Gelegenheit der Regulirung der französischen Maasse, im Jahre 1795, stellte *Lefévre-Gineau* [11] Untersuchungen über denselben Gegenstand an, indem er einen hohlen Cylinder von Messing in Wasser von verschiedener Temperatur abwog, und mit Rücksicht auf die Ausdehnung des Metalles den Punkt der grössten Dichtigkeit bei $4°{,}_1$ C. fand. *G. G. Schmidt* [12] untersuchte zwar diese Frage nicht absichtlich, allein dennoch geben seine Beobachtungen diejenige Temperatur, wo er die Dichtigkeit am grössten fand, zu $4°{,}_{66}$ C. Er bediente sich des Areometers, ebenso wie *Charles* [13], der den uncorrigirten Punkt der grössten Dichte zu $4°{,}_{76}$ C. feststellte. *Bischof* [14], der dieselben Untersuchungen machte, benützte eine hohle Kugel von Glas und überdiess noch das Verfahren von *Gilpin*. Nach ihm ist das Wasser bei $4°{,}_{66}$ C. am dichtesten.

Ein ganz anderes Verfahren wurde zuerst vom Grafen *Rumford* [15] angegeben, und besteht darin, dass er Wasser von 0° C., in welchem sich ein Thermometer befindet, von oben herab durch eine metallene Kugel erwärmt. Das erwärmte Wasser sinkt vermöge seines grösseren specifischen

---

(10) Diese Angabe scheint S. Durchlaucht der Fürst Salm Horstmar nicht zu kennen, ebensowenig wie Hr. Despretz, die beide damit etwas Neues liefern wollten. cf. Poggendorff. Annalen Bd. 62 p. 283 und 284.

(11) Biot Traité de Physique p. 203 und 263.

(12) N. Journal der Physik v. Gren. Bd. I. p. 216.

(13) Biot Traité de Physique T. I. p. 414.

(14) Gilbert Annalen Bd. XXXV. p. 313.

(15) Gilbert Annalen Bd. XX. p. 377.

Gewichtes so lange nieder, bis es die Temperatur der grössten Dichtigkeit angenommen hat. Diese Methode wurde von *Tralles* [16] und *Hope* [17] dahin verbessert, dass sie, durch zugleich im oberen und unteren Wasser angebrachten Thermometer, die Temperatur beobachteten, bei welcher diese einen gleichen Stand zeigten. Dieselbe Methode wandte auch *Eckstrand* [18] an. So sinnreich dieses Verfahren auch sein mag, so erhielten doch alle vier Beobachter verschiedene Resultate.

Weitaus die bedeutendsten Untersuchungen über diesen Gegenstand verdankt die Wissenschaft dem Schweden *Hallström* [19], der nicht nur selbst ausführliche Untersuchungen über die Temperatur der grössten Dichtigkeit nach verschiedenen Methoden ausführte, sondern auch die Mühe nicht scheute, fast alle bis zu seiner Zeit veröffentlichten Arbeiten durchzurechnen, und die Fehlerquellen nach der Methode der kleinsten Quadrate möglichst zu eliminiren. Fast zu gleicher Zeit mit ihm waren es Hr. *Stampfer* [20] in Wien und *Muncke* [21] in Heidelberg, die denselben Gegenstand zu ihren Forschungen erwählt hatten. *Stampfer* giebt die Temperatur der grössten Dichtigkeit zu $3°,_{78}$ C.; Muncke zu $3°,_{75}$ an, während *Hallström* bei der Zahl $4°,_{081} \pm 0,_{128}$ stehen bleibt.

Im Jahre 1839 war es der Franzose Hr. *Desprets*, der eine weitläufige Arbeit lieferte, und als Mittel von 18 Versuchen die Temperatur $3°,_{98}$ C. als die der grössten Dichtigkeit angiebt. 1847 stellten die Herren *James P. Joule* und

---

(16) Gilbert Ann. Bd. XXVII. p. 260
(17) Biot Traité de Physique Th. I. p. 261.
(18) Dissertatio acad. de maxima densitate aquae invenienda. Lund. 1819 p. 40.
(19) Vetenskaps Academiens Handlingar för år 1823.
(20) Jahrbücher d. k. k. polyt. Instituts. Wien. Bd. XVI. S. 1.
(21) Gehler neues phys. Wörterbuch Bd. 1. Art. Ausdehnung p. 614 und Bd. IV. p. 1491.

Lyon *Playfair*[22] mit einer eigenthümlich construirten hydrostatischen Maschine Beobachtungen an, und geben als Mittel aus vier sehr nahe übereinstimmenden Versuchen $3°,_{045}$ C. als Temperatur des Maximums an. Die neuesten Untersuchungen sind von *Pierre*[23] in Frankreich und Hr. *Hermann Kopp*[24] in Giessen ausgeführt. Nach den Volumina, die von dem Ersteren dieser beiden Gelehrten für verschiedene Temperaturen des Wassers angegeben sind, liegt der Punkt der grössten Dichtigkeit, wie Herr *Frankenheim*[25] berechnete, bei $3°,_{08}$ C, wenn der Ausdehnungscoëfficient des Glases (α) $= 0,_{0\ 18}$ gesetzt wird, ist aber $\alpha = 0,_{00025}$ so ist $t_0 = 3°,_{18}$ C. und $= 3°,_{66}$ wenn α $0,_{0\wedge285}$. Wird α ganz vernachlässigt, so wäre scheinbar $t_0 = 4°,_{71}$ C. Man sieht wie wichtig die genaue Bestimmung von α ist.

Ein noch schlagenderes Beispiel für die Nothwendigkeit einer möglichst genauen Bestimmung der Glasausdehnung gibt uns *Hallström*[26]. Der von ihm gefundene Werth für die grösste Dichtigkeit des Wassers ohne Glascorrectur nämlich:

$$V = 1 + 0,_{0000566}\, t - 0,_{00000073}\, t^2 + 0,_{000000144}\, t^3.$$

verlegt die Temperatur für welche v ein Minimum wird, nach der Bestimmung für α

von *Lavoisier* auf $t = 2°,_{6}$ C.
„ *Roy* „ $t = 2°,_{6}$ C.
„ *Dulong* „ $t = 2°,_{7}$ C.
„ *Petit* „ $t = 2°,_{7}$ C.
„ *Horner* „ $t = 2°,_{5}$ C.
„ *Muncke* „ $t = 2°,_{6}$ C.

---

(22) Phil. Magaz. Ser. III Vol. XXX. p. 41.
(23) Ann. de chim. et de phys. 3. Serie T. XV. p. 348.
(24) Erster Band von Graham Otto Lehrbuch der Chemie. Pogg. Ann. Bd. 72 p. 1 ff.
(25) Poggendorff Ann. Bd. 86 p. 1852.
(26) Konigl. Vetensk. Acad. Handling for år 1833.

während er in Wahrheit nach *Hallströms* Bestimmung von $\alpha = 4°{,}_{108}$ C. ist.

Diese Resultate weichen, wie man allgemein zugeben wird, so stark von einander, und dem richtigen Werthe ab, dass man gleich einsieht, α sei für jede einzelne Glassorte, mit der man gerade experimentirt, genau zu bestimmen. Wie diese Bestimmung für unser Glas gemacht wurde, darauf kommen wir später zurück, und wenden uns noch zu der Frage, ob Salzlösungen und Meerwasser, ebenso wie reines Wasser, ein Dichtigkeits-Maximum haben. Im Vergleich mit der reichen Literatur, die wir über diese Frage bei reinem Wasser besitzen, ist über das Dichtigkeits-Maximum an Salzlösungen und Meerwasser nur wenig veröffentlicht worden, obgleich es nicht an älteren und neueren Untersuchungen, die alle den gleichen Zweck haben, die bezeichnete Frage zu erörtern, fehlt.

Schon *Blagden*[27] sprach hierüber Muthmassungen aus. — Nach ihm sollen alle Salzlösungen ein Maximum der Dichtigkeit besitzen, und zwar soll dasselbe stets eben so weit über der Erstarrungstemperatur der betreffenden Lösung liegen, wie die Temperatur des dichtesten Wassers, über dem Gefrierpunkte des Wassers liegt, also um beiläufig 4° C.

Nicht wohl einzusehen ist, wie *Blagden* zu diesem Resultate gelangt ist; es steht mit allen Versuchen im Widerspruch, da kein einziger ein Maximum über dem Gefrierpunkt angiebt. — *Gay-Lussac*, *Scoresby* und *Sabine* traten dieser Auffassung zwar nicht bei, aber doch erwarten sie, dass, analog wie bei dem Wasser, ein Dichtigkeitsmaximum auch bei den Lösungen existire, während *Rumford*, *Marcet* und *Berzelius* entgegengesetzter Ansicht sind. *Marcet*[28]

---

(27) Dr. Blagden: Experiments on the cooling of water below its freezing point. Phil. Trans. 1788. p 125.

(28) Dr. Marcet: on the specif. gravity and temperature of sea water in different parts of the ocean. Phil. Trans. 1819 p. 161 und

legte im Jahre 1819 der Londoner Societät eine Abhandlung vor, in der er ausführt, dass das Meerwasser sich stätig bis zum Gefrieren zusammenziehe. Er fügt aber hinzu, es scheine ihm, als wenn, bei Temperaturen unter — $5°,_4$ C., eine Ausdehnung wieder erfolge.

Dem Meerwasser kommt nämlich, wie dem reinen Wasser die Eigenschaft zu, dass es, wenn es vor Erschütterung bewahrt wird, bei allmähliger Abkühlung weit unter seine Erstarrungstemperatur flüssig erhalten werden kann. Fast zu gleicher Zeit mit *Marcet* beobachtete *De Luc*[29] eine Ausdehnung vor dem Gefrieren an gesättigter Salzsoole. Die Gleichung für das Maximum der Dichtigkeit ist aber: $0 = 0,..... + 0,.....\, t + 0,........\, t^2$, deren Wurzeln beide imaginär sind, wonach es also kein Maximum der Dichtigkeit geben kann. Dieser scheinbare Widerspruch fällt indessen weg, wenn man berücksichtiget, dass sich in seinem Apparate Eis gebildet hatte, so dass die Ausdehnung dieses, und die weitere Zusammenziehung des noch flüssigen Theiles in entgegengesetztem Sinne auf einander einwirkten, wodurch eine Compensation beider Wirkungen eintrat. Ebenso glaubte man, dass bei dem Meerwasser wirklich ein Maximum, obgleich unter 0 vorhanden sei, und man hat sogar einige Anwendungen dieses Satzes auf die Physik der Meere gemacht. Im Jahre 1828 publicirte Herr *A. Erman*[30], auf Aufforderung *Alexander v. Humboldts*, eine ebenso ausgedehnte wie gelehrte Arbeit über die gleiche Frage. Vier Methoden haben Herrn *Erman* einstimmig das Resultat geliefert, dass in der Zusammenziehung des Meer-

---

von demselben Verfasser: Same experiments and researches on the saline contents of sea water, undertaken, with a view to correct and imprave its chemical analysis.

(29) J. A. de Luc. Grundriss der Physik. Bd. II.

(30) A. Erman, Ausdehnung des Meerwassers. Pogg. Ann. *XIII p. 463.*

wassers zwischen $+8$ und $-3°$ R. keine Anomalie vorhanden sei. Dieses Resultat wurde erhalten:
1) durch Wägung mit einer feinen hydrostatischen Wage,
2) nach der Hope'schen Methode durch Beobachtung der aufsteigenden Ströme,
3) nach der Methode der Erkältungszeiten,
4) mittelst eines Nicholson'schen Areometers.

Von der letzten Methode hat Herr *Erman* [31] im Jahre 1857 noch einmal Gebrauch gemacht, als im selben Jahre Herr *C. Despretz* gegen diese Resultate einen bedeutenden Widerspruch erhob. Herr *Despretz* [32] behauptete nämlich, nachgewiesen zu haben, dass das Meerwasser dennoch ein Dichtigkeitsmaximum besitze, ebenso wie alle übrigen wässerigen, weingeistigen, salzigen, sauren und alkalischen Lösungen, und dass dieses Maximum weit schneller hinabsinke als der Gefrierpunkt, dessen Veränderung, wie die der Dichte, beinahe der Menge der dem Wasser hinzugefügten Substanz proportional ist. Der Punkt des Maximums hält sich anfangs über dem Gefrierpunkte, erreicht ihn dann, und sinkt schliesslich unter denselben hinab. Diese letzte Eigenthümlichkeit sei es, wesshalb Herr *Erman* das Dichtigkeits-Maximum bei dem Meerwasser nicht aufgefunden hätte; er hätte es über dem Gefrierpunkte gesucht, während es doch thatsächlich mehrere Grade unter demselben liege.

In der That ist ein Dichtigkeitsmaximum unter dem Gefrierpunkte ein ebenso überraschendes Resultat, wie die Eigenthümlichkeit einer Flüssigkeit, unter dem Erstarrungs-

---

(31) Ueber die Aenderung des spec. Gewichtes, welche das Meerwasser durch die Wärme erleidet. A. Erman. Pogg. Ann. XLI p. 72.

(32) C. Despretz. Comptes rendus 1837 Th. I p. 124 u. 435.

Die ausführliche Abhandlung befindet sich in den Annales de chimie et de physique par M. M. Gay-Lussac et Arago. T. LXX 1839 p. 1.

punkte, überhaupt noch flüssig zu bleiben. Diese Thatsache zerstört die letzte Hypothese, die man noch über die räthselhafte Eigenschaft der Flüssigkeiten, ein Dichtigkeitsmaximum zu besitzen, machen konnte, nämlich die, dass z. B. bei reinem Wasser der Punkt, wo der Aggregatzustand sich ändere, nicht 0°, sondern beiläufig $+ 4°$ C. sei.

Für diese Hypothese sprachen folgende Umstände: *Arago*[33] hatte die Idee, den Punkt der grössten Dichte durch die Refraction, die jedenfalls ein sehr empfindliches Mittel gewesen wäre, zu bestimmen, fand aber, dass das Wasser, trotzdem es sich beim Erkälten unter $+ 4°$ C. immer mehr ausdehnte, das Licht immer stärker brach, dass also die Refraction nicht proportional der Dichte des Wassers sei, ein Verhalten, welches an keinem anderen Körper beobachtet wurde, und welches schon auf das Vorhandensein von Eis in dem Wasser schliessen liess. Schon *Parrot*[34] nimmt an, die Bildung der kleinsten noch unsichtbaren Eistheile beginne bereits beim Punkte der grössten Dichtigkeit, und da Eis specifisch leichter sei als Wasser, so würde das specifische Gewicht von $+ 4°$ C. ab, auch kleiner werden, d. h. das Volumen würde grösser werden, oder was dasselbe ist, die Flüssigkeit dehne sich aus, eine Vermuthung, welche ausser das *Arago*'sche Experiment und einer Beobachtung des Herrn *A. W. Link* zu Berlin, auf die wir gleich zurückkommen, freilich durch die Erfahrung nicht begründet werden kann, und der die scharfe Bezeichnung und grosse Beständigkeit des sichtbaren Gefrierpunktes, sowie das erst bei dieser Temperatur eintretende Freiwerden der latenten Wärme und das Verschwinden jeder Spur von Eisbildung, sobald die Temperatur auch nur um $1/_{10}$ Grad über 0° sich erhebt, entgegen zu stehen scheinen.

---

(33) Pogg. Ann. V p. 248.
(34) H. F. Parrot: Grundriss der theoretischen Physik. Dorpat *et Riga 1811.* Th. II p. 65.

Man könnte noch annehmen, dass zwischen $+$ 4 und 0° C. ein gewisser Uebergangszustand stattfinde, da ja der Wechsel zwischen einem Aggregatzustande und dem anderen, nie plötzlich vor sich geht, sondern durch ein Uebergangsstadium vermittelt wird. Für unseren speciellen Fall haben wir sogar eine directe Beobachtung des oben angeführten Herrn *Link*[35] aufzuweisen. Er beobachtete Wasser während des Gefrierens unter dem Mikroskop und fand, dass vor dem gänzlichen Erstarren immer eine Art schleimiger, zähflüssiger Zustand vorherging. Wir haben selbst Gelegenheit gehabt, diese Beobachtungen anzustellen, und haben die Angabe des Herrn *Link* vollständig richtig befunden.

Halten wir diese beiden Beobachtungen *Aragos* und Herrn *Links* zusammen, so berechtigten sie uns zu der Hoffnung, dass vielleicht die Polarisation ein Mittel abgeben könnte, die Hypothese *Parrots* endgiltig zu entscheiden.

In der That ist es kaum vorauszusetzen, dass die Wassertheilchen bei 0° oder $+$ 4° C. ein individuelles Drehungsvermögen hätten, wenn nicht dieser sonderbare Uebergang von Zusammenziehung in Ausdehnung, sowie das Herannahen der Erstarrung, die Annahme ermöglichten, dass die Theilchen einer Wassermasse sich nach gewissen polaren Richtungen gegen einander drehten. Wenn nun diese innerliche Bewegung in der ganzen Masse mit Stätigkeit und Regelmässigkeit geschehe, so könnte sie wohl fähig werden, nach Art der rasch abgekühlten und zusammengepressten Gläser, auf das polarisirte Licht einzuwirken. Wohl die grösste Autorität in dem Gebiete der Circularpolarisation, Herr *Biot*[36] in Paris, hat Versuche hierüber angestellt. Er experimentirte vom 10. Oktober 1849 bis zum 19. Februar 1850 zwischen den Temperaturen $+$ 6°,₃ bis $-$ 2°,₂ C.

---

(35) A. W. Link. Erscheinung beim Gefrieren des Wassers unter dem Mikroskop. Pogg. Ann. LXIV. p. 479.
(36) *Comptes rendus 1850.*

Der Apparat war von dem bekannten Optiker Herrn *Bianchi* verfertigt und ganz stabil gemacht worden, um jede Erschütterung zu vermeiden. So gelang es, das Wasser selbst unter 0° flüssig zu halten; aber weder bei dieser Temperatur, noch bei den beiden kritischen Punkten 0° und $+4°$ C. zeigte sich eine wahrnehmbare Wirkung auf polarisirtes Licht, so dass selbst dieses Mittel, das uns doch selbst Kunde gibt von den feinsten Strukturverhältnissen und Molekularveränderungen, in diesem Falle kein Resultat lieferte, und wir müssen die Hypothese *Parrots* für's erste gänzlich fallen lassen, müssen die Beobachtung *Aragos*, dass in diesem einzigen Falle die Refraction nicht proportional der Dichte sei, sowie die ganze Erscheinung des Dichtigkeits-Maximums selbst, für eine bis jetzt unerklärte Anomalie halten, und können uns nur der tröstenden Hoffnung hingeben, die Wissenschaft werde uns mit der Zeit ein Mittel an die Hand geben, welches noch feiner als das Licht und noch mehr geeignet als dieses zur Erkennung der Struktur- und Molekular-Anordnung der Körper sein werde. Dann erst wird es gelingen, dieses Räthsel zu lösen.

Wir bleiben bei der Thatsache, und sind der Ansicht, dass wie überall in der Experimentalphysik, wo es sich um Feststellung einer Thatsache handelt, so auch hier, dieses für's erste nur erreicht werden kann, durch Vervielfältigung der Beobachtungen und Verbesserung der Messinstrumente und Messmethoden. Wir wenden uns daher zur Kritik der gebrauchten Methoden und Instrumente.

Die gebrauchten Messinstrumente waren folgende:
1) das Areometer;
2) die hydrostatische Wage;
3) Fläschchen, die bei verschiedener Temperatur mit Flüssigkeit gefüllt wurden, und deren Gewichtsveränderungen durch die Wage bestimmt wurden;
4) thermometerähnliche Apparate, bei denen der Stand

der Flüssigkeit mit dem Stand eines Quecksilber-Thermometers verglichen wurde;

5) die Beobachtung der Temperatur verschiedener Schichten,

6) die Methode der Erkältungszeiten.

Man hätte glauben können, dass die Refraction das empfindlichste Mittel abgeben würde, um die Temperatur der grössten Dichte zu bestimmen, allein wir haben aus dem Experiment des Herrn *Arago* gesehen, warum dieses Mittel nicht anwendbar ist.

Man könnte die Temperatur des Dichtigkeits-Maximums wohl auch noch mit Hülfe der von Herrn *Savart* entdeckten Beziehung zwischen der Temperatur und dem Durchmesser d. s. „Nappes" finden; allein dieses Verfahren würde eine grosse Gewandtheit im Experimentiren mit diesem Gegenstand verlangen, wie schon Herr *Despretz* richtig bemerkt hat.

Da wir eine grosse Anzahl verschiedener Messungen nach den verschiedenen Methoden haben, so lässt sich wol aus der Uebereinstimmung der erhaltenen Resultate rückwärts, auf die grössere oder kleinere Schärfe des angewandten Verfahrens schliessen. So sehen wir denn, dass diejenigen Resultate am schärfsten mit einander übereinstimmen, die mit Hülfe von Flüssigkeitsthermometern gefunden sind, wie z. B. die Zahlen, die Herr *Despretz*, Herr *Muncke* und Herr *Kopp* gefunden haben. Jedenfalls ist diese Methode die einzige, die das Auffinden eines Dichtigkeits-Maximums unter dem Gefrierpunkte erlaubt.

Auf den ersten Blick musste uns scheinen, als ob man mit der Wage eine überaus grosse Genauigkeit erreichen könne, und zwar in dem Maasse die grösste, als die Wage das schärfste Messinstrument ist, welches die Wissenschaft besitzt. Um aber den Gewichtsverlust eines Körpers in einer beliebigen Flüssigkeit bei einer bestimmten Temperatur zu ermitteln, bedarf es des Umrührens der Flüssigkeit, wodurch es kaum möglich wird, bei der grossen Empfindlichkeit einer Wage genau den Gleichgewichtspunkt zu bestimmen, und von der anderen Seite weiss jeder, der sich mit solchen Untersuchungen beschäftigte, wie schwierig es ist, eine Temperatur während der Dauer einer genauen Abwägung constant zu erhalten. Beide angeführten Methoden sind abhängig von der genauen Bestimmung der Ausdehnung des Glases oder desjenigen Körpers, den man gerade wägt, und welche Differenzen durch geringe Vernachlässigung bei der Bestimmung dieses so wichtigen Factors in dem erhaltenen Resultate entstehen können, haben wir schon oben nachgewiesen. Unabhängig von dieser Fehlerquelle ist das von dem Grafen *Rumford* zuerst angegebene, und nach ihm von *Tralles*, *Hope* und *Despretz* befolgte Verfahren, welches, wie wir gesehen haben, darauf beruht, dass in einer Flüssigkeit, deren Schichten ungleiche Temperatur besitzen, die Theilchen, welche die Temperatur der grössten Dichte haben, niedersinken, während die anderen sich erheben. Dieser Methode ist mit Recht der Vorwurf gemacht worden, dass sie nie, selbst unter den geschickten Händen eines *Hallström*, übereinstimmende Resultate gab, und in der That, sogar mit der bedeutenden Verbesserung, die ihr Herr *Despretz* angedeihen liess, mehr geeignet ist in einem Collegienversuch den Beweis zu liefern, dass das Wasser überhaupt ein Maximum der Dichtigkeit besitzt, als die Temperatur dafür mit Exactheit zu bestimmen. Gegen die Messung mit einem Areometer, selbst wenn dabei alle die genauen Correcturen, die Herr *Erman* beigebracht hat, angewendet werden, kann man immer noch einwenden, dass die Genauigkeit dieses Instrumentes abhängig ist von der Dicke des Stiftes, welcher die Schale für die aufzulegenden Gewichte trägt, und von der auch bei dieser Messungsmethode eintretenden Schichtenbildung in der Flüssigkeit selbst. Ueberdiess kann man leicht einsehen, dass der Stift *doch nie* die Dünne eines Haares erreichen kann, dessen man sich aber leicht bedienen kann, bei einer Wägung mit der hydrostatischen Wage, woraus folgt, dass diese letztere Methode jedenfalls schon vorzuziehen sei.

Die von den Herren *Joule* und *Playfair* gebrauchte hydrostatische Maschine hat zwar sehr übereinstimmende Resultate gegeben, aber nur desshalb weil die bei einem so complicirten Apparate unvermeidlichen Beobachtungsfehler allerdings immer dieselben blieben; auch trifft die beiden Gelehrten der Vorwurf, dass sie bei der schlüsslichen Feststellung der Temperatur der grössten Dichtigkeit sich einer graphischen Construction bedienten, die ja schon an und für sich nie die Schärfe der Rechnung erreichen kann.

Derselbe Vorwurf ist es auch den wir Herrn *Despretz* machen müssen, und gerade die graphische Darstellung, mag sie den Verlauf der Volumen-Aenderung noch so plastisch zeigen, hat bei der sonst so werthvollen Arbeit des genannten Herrn unser Misstrauen erweckt. Herr *Despretz* nimmt an, der Verlauf derjenigen Curve die die Aenderung im Volumen der Flüssigkeit darstellt sei der einer Parabel, und gründet seine ganze Construction auf die Eigenschaften dieser krummen Linie. Erstens einmal ist die Ausdehnung einer Flüssigkeit nicht genau ausgedrückt durch eine Parabel wie Herr *Despretz* selbst zugeben muss, und gerade bei dem kritischen Punkt des Maximums ist sie es am allerwenigsten, ebensowenig wie die Ausdehnung des Glases zwischen den Grenzen $0°$ und $100°$ ausgedrückt werden kann durch eine gerade Linie, wovon Herr *Despretz* auch Gebrauch macht.

Mögen nun auch diese beide Annahmen der Wahrheit sehr nahe kommen, so bleibt doch immer noch der Einwand, dass die Gleichung einer Parabel nur die zweite Potenz enthält, während die Gleichung für das Volumen einer Flüssigkeit $V_t = 1 + at + bt^2 + ct^3 + \ldots$ das Volumen um so genauer ausdrückt, je mehr Potenzen man berücksichtigt.

Blagden und *Gilpin*, die ihre Versuche mittelst kleiner Flaschen anstellten, die bis zu einem gewissen Zeichen mit Wasser gefüllt wurden, haben sehr genaue Resultate erhalten, und man kann dieser ganzen Methode weiter keinen Vorwurf machen als den, dass sie den unvermeidlichen Beobachtungsfehler hat den das genaue Einstellen bis an den Strich hervorbringen muss. Ausserdem ist sie wegen ihres grossen Alters etwas zweifelhaft, da ja die Mess-Instrumente, seit jener Zeit so bedeutend verbessert sind.

Betrachten wir zum Schlusse noch die von Herrn *Erman* beschriebene Methode der Messung nach den Erkältungszeiten. Dieselbe ist eine jedenfalls sehr sinnreich zu nennende, bedarf aber zu ihrer Durchführung eines sehr guten Chronometers und scheint von Herrn *Erman* selbst für nicht so genau gehalten zu werden wie die übrigen, da er bei der Wiederaufnahme seiner Versuche im Jahre 1839 sich nicht dieser Methode bediente, sondern eine Messung mit dem Nicholson'schen Areometer vorzog.

Nach unserer ganzen Betrachtung können wir nicht im Zweifel sein, dass eine Messung mittelst thermometer-ähnlicher Apparate jedenfalls die genauesten Resultate liefern muss, vorausgesetzt dass alle Constanten mit gehöriger Schärfe vorher bestimmt worden sind, und dass namentlich der Glasausdehnung die gebührende Aufmerksamkeit geschenkt wurde. Wir mussten uns um so mehr für diese Methode entscheiden, weil sie bis jetzt in der That die einzige ist, die man zur Bestimmung des Dichtigkeits-Maximums bei Meerwasser brauchen kann, welche Flüssigkeit ja, wie die Arbeiten des Herrn *Erman* und des Herrn *Despretz* bis zur Evidenz nachweisen, ihr Dichtigkeits-Maximum unter ihrem Gefrierpunkt hat. Dass wir bei unserer Arbeit die von Herrn *Biot* vorgeschlagene Berechnung der Temperatur der grössten Dichte, und nicht die graphische Darstellungsweise des Herrn *Despretz* anwenden werden, brauchen wir wol kaum anzuführen.

Bestimmung des Dichtigkeits-Maximums an reinem Wasser.

Obgleich diese Aufgabe keinen wesentlichen Bestandtheil unseres vorgesetzten Themas bildet, so glaubten wir doch sie berücksichtigen zu müssen, erstens einmal der Vollständigkeit halber, und zweitens um unseren Apparat einer gewissen Controle zu unterwerfen.

Bei Lösung dieser Aufgabe nach der von uns gewählten Methode handelt es sich vor allen Dingen darum die Volumina zu finden, die eine Flüssigkeit bei verschiedenen Temperaturen einnimmt, und dann aus diesen diejenige zu bestimmen, für welche das Volumen ein Minimum ist. Es ist bekannt, dass die Volumina, welche eine Flüssigkeit bei den Temperaturen t_0 t_1 t_2 . . . einnimmt, nach der Reihe V_0 V_1 V_2 . . . geordnet sind, und man kann schon daraus ersehen, dass das Volumen einer Flüssigkeit, bei sonst gleichen Umständen von der Temperatur der Flüssigkeit abhängt, und dass also V_t eine Funktion von t ist. Da aber jede Funktion einer Veränderlichen, in einer Reihe geordnet sich nach den Potenzen eben dieser Veränderlichen entwickeln lässt, so hat man im Allgemeinen, wenn man das Volumen bei 0° als Volumeneinheit, und das bei t° durch V_t bezeichnet:

$$V_t = 1 + at + bt^2 + ct^3$$

die Erfahrung zeigt, dass die Volumina nahezu wie die Temperaturen wachsen, es wird daher b nur einen sehr kleinen Werth, folglich c einen noch kleineren besitzen, und das Gesetz, nach welchem sich die Volumina verändern, ist daher schon sehr genau ausgedrückt, wenn man auch die höheren Potenzen von t vernachlässigt. Es heisst daher:

$$V_t = 1 + at + bt^2 + ct^3.$$

Ist also für die Temperaturen t_1 t_2 t_3 das zugehörige Volumen: V_1 V_2 V_3 durch Beobachtung und Rechnung gefunden, so ergibt sich folgende Gleichung:

$$V_1 = 1 + at_1 + bt_1^2 + ct_1^3$$
$$V_2 = 1 + at_2 + bt_2^2 + ct_2^3$$
$$V_3 = 1 + at_3 + bt_3^2 + ct_3^3.$$

Aus diesen drei Gleichungen können die 3 Unbekannten a, b, c, bestimmt werden, und zwar ist:

$$a = \frac{(V_1-1)(t_2\ t_3)}{t_1(t_1-t_2)(t_1-t_3)} - \frac{(V_2-1)(t_1\ t_3)}{t_2(t_1-t_2)(t_2-t_3)}$$
$$+ \frac{(V_3-1)(t_1\ t_2)}{t_3(t_1-t_3)(t_2-t_3)}$$

$$b = \frac{(V_1-1)(t_2+t_3)}{t_1(t_1-t_2)(t_1-t_3)} + \frac{(V_2-1)(t_1+t_3)}{t_2(t_1-t_2)(t_2-t_3)}$$
$$- \frac{(V_3-1)(t_1+t_2)}{t_3(t_1-t_3)(t_2-t_3)}$$

$$c = \frac{(V_1-1)}{t_1(t_1-t_2)(t_1-t_3)} - \frac{(V_2-1)}{t_2(t_1-t_2)(t_2-t_3)}$$
$$+ \frac{(V_3-1)}{t_3(t_1-t_3)(t_2-t_3)}$$

Die für a, b, c gefundenen Werthe braucht man nur in die Gleichung: $V_t = 1 + at + bt^2 + ct^3$ hineinzusetzen um V_t berechnen zu können.

Um weiter zu finden für welche Temperatur V ein Minimum wird, hat man für die bekannte Gleichung:

$$\frac{dV_t}{dt} = a + 2bt + 3ct^2 = 0$$

die ihr genügenden Werthe von t zu bestimmen, und zuzusehen ob durch eben diese Werthe: $\frac{d^2V_t}{dt^2} = 2b + 6ct$ positiv oder negativ wird. Wird der zweite Differentialquotient positiv, so ist dieses ein Zeichen dass für eben diesen Werth von t, die Grösse V_t ein Minimum wird. Es handelt sich jetzt nur noch darum, wie man denn für eine Temperatur t das zugehörige Volumen beobachten kann.

Hiezu dient folgender einfacher Apparat[37]. Eine Kugel, an welche eine genau calibrirte Thermometerröhre[38] angebracht ist, sei mit einer beliebigen Flüssigkeit gefüllt, die bei der Temperatur 0° bis zum Theilpunkt a reicht. Dieselbe Flüssigkeit steht bei der Temperatur $t°$ bis b. Der Ausdehnungscoëfficient des Glases ist α, das Volumen der Kugel nebst Röhre bis a ist V, und der Werth eines Theilstriches μ. Es fragt sich jetzt, wie gross das Volumen der Flüssigkeit V_t bei $t°$ C. Durch die Temperatur-Erhöhung von $t°$ wird das Volumen V zu V $(1 + \alpha t)$ und das Volumen des Röhrenstückes ab wird:

$$\mu \text{ ab} \cdot (1 + \alpha t).$$

Die Summe dieser Volumina ist nun das Volumen der Flüssigkeit in der Temperatur t. Man hat daher:

$$V_t = V (1 + \alpha t) (1 + \mu \text{ ab})$$

was immer gleich ist V $(1 + \beta t)$ wo β der Ausdehnungscoëfficient der Flüssigkeit ist.

Bei diesen Voraussetzungen bleibt noch das Eine unangeführt, nämlich wie das Volumen bis a gefunden wird, und wie man den Werth eines Theilstrichs berechnet.

Den Werth eines Theilstrichs findet man indem man zusieht wie viele Theilstriche ein Quecksilberfaden von bekanntem Gewicht in der Temperatur 0° einnimmt, und da der Werth eines Theilstriches nichts anderes bedeutet als das Volumen desselben, dieses aber immer gleich ist, dem Quotienten aus wahrem Gewicht, und specifischem Gewicht, so ergibt sich leicht $\frac{P}{S\,Z} = V$, wo P das wahre Gewicht, S das specifische Gewicht und Z die Anzahl der Theilstriche in der Temperatur 0° bezeichnet. Bei einem der gebrauchten Apparate war z. B.

---

(37) Siehe Nachtrag II.
(38) Taf. I. Fig. d.

P = 2,₅₄₈₉ Grm.

Z = 350,₅ Theilstriche.

Das spec. Gewicht des Quecksilbers bei 0° ist nach Regnault 13,₅₉₅₉₃ ³⁹, man hat daher:

$$\frac{2{,}_{5489}}{13{,}_{59593} - 350{,}_5} = V = 0{,}_{000049},$$

und zwar bezeichnet die Zahl 0,₀₀₀₄₉ sogleich das Volumen in Cubikcentimetern. Das Volumen bis a ist ausgedrückt, wenn man bedenkt, dass das wahre Gewicht des Wassers bis a, zugleich den Inhalt bis a in Cubikcentimetern bezeichnet. Es muss hiebei nur noch Rücksicht genommen werden, darauf, dass das Gewicht der verdrängten Luft in Rechnung zu bringen ist, und dass das specifische Gewicht des Wassers nicht bei 0° gleich 1 ist, sondern bei + 4°. Bezeichnet man hienach das scheinbare Gewicht des Wassers mit W, das wahre Gewicht aber mit P, so ist:

$$P = W + \left(0{,}_{001293} \frac{b}{760} \frac{1}{1 + 0{,}_{00366}\, t}\left(1 - \frac{1}{8{,}4}\right) W\right)$$

da man ohne merklichen Fehler annehmen kann, dass W c. c. Luft verdrängt werden. b bezeichnet im Vorhergehenden den jedesmaligen Barometerstand, t die Temperatur, 0,₀₀₁₂₉₃ ⁴⁰ ist das Gewicht eines c. c. atmosphärischer Luft bei 0° und 760ᵐᵐ b, 0,₀₀₃₆₆ der Ausdehnungscoëfficient der Luft. 8,₄ das specifische Gewicht der Messinggewichte.

Das Volumen des Wassers ist also $\dfrac{P}{0{,}_{999877}} = V$, wo die Zahl 0,₉₉₉₈₇₇ das Volumen des Wassers in der Temperatur + 4°, nach Herrn *Hermann Kopp*⁴¹ ausdrückt. Will man jetzt wissen, in welchem Verhältniss das Volumen eines

---

(39) Siehe Nachtrag III.

(40) Siehe Nachtrag IV.

(41) Untersuchungen über das spec. Gew. Die Ausdehnung durch die Wärme, und den Siedepunkt einiger Flüssigkeiten von Hermann Kopp. Pogg. Ann. Bd. 72 p. 1 ff..

Theilstriches zum ganzen Volumen bis a steht, so braucht man nur v durch V zu dividiren:

$$\frac{v}{V} = \mu.$$

Bei demselben Apparat war z. B.
W = 39,7291; b = 720,4; t = + 20° C.
Daraus wurde gefunden:
P = 39,7764; V = 39,7818.

Früher war schon gefunden worden: V = 0,00049; es ist daher:

$$\mu = \frac{0,00049}{39,7818} = 0,0000123.$$

Wollen wir z. B. das Volumen des Wassers bei der Temperatur + 18°,15 C. auffinden.

Wir haben die Gleichung:
1 + βt = (1 + αt) (1 + μab).

Gefunden war bei dem schon gebrauchten Apparat α = 0,000026^{48}; μ = 0,0000123; ab = 64 Theilstriche. t = 18°,15 C. 1 + αt = 1,0004719 und 1 + μab = 1,0007872; folglich ist 1 + βt = 1,001259. Herr *Hermann Kopp* findet für 1 + βt bei derselben Temperatur 1,001212, was eine Differenz von 0,000047 ergiebt, welche so klein ist, dass sie wohl von den unvermeidlichen Beobachtungsfehlern herrühren kann.

Ebenso berechneten wir für die Temperatur 17°,9 C. 1 + βt = 1,001204, für welche Temperatur Herr *Kopp* das Volumen des Wassers zu 1,001149 hat, was eine Differenz von 0,000055 ergiebt.

Für + 1° C. fanden wir 1 + βt = 0,999932, welche Zahl mit der von Herrn *Kopp* angegebenen, nämlich: 0,999947 eine Differenz von 0,000015 liefert.

Wird verlangt, das zwischen diesen Temperaturen gelegene Minimum des Volumens zu berechnen, so hat man nach dem früher Gesagten:

---
(12) Siehe Nachtrag I.

$V_1 = 0{,}999982$ für die Temperatur $t_1 = +1$.
$V_2 = 1{,}001204$ „ „ „ $t_2 = +17{,}6$
$V_3 = 1{,}001239$ „ „ „ $t_3 = +18{,}1$

$(t_1 \, t_2) = 17{,}6$; $(t_1 + t_2) = 18{,}8$; $(t_1 - t_2) = -$
$(t_1 \, t_3) = 18{,}10$; $(t_1 + t_3) = 19{,}10$; $(t_1 - t_3) = -$
$(t_2 \, t_3) = 323{,}07$; $(t_2 + t_3) = 35{,}95$; $(t_2 - t_3) = -$

$$t_1 \, (t_1 - t_2)(t_1 - t_3) = +288{,}120.$$
$$t_2 \, (t_1 - t_2)(t_2 - t_3) = +104{,}664.$$
$$t_3 \, (t_1 - t_3)(t_2 - t_3) = +108{,}945.$$

$V_1 - 1 = -0{,}000018$; $V_2 - 1 = 0{,}001204$; $V_3 - 1 = 0$

$\log. V_1 - 1 = 0{,}8825039 - 5$.
„ $(t_2 \, t_3) = 2{,}7502886$.
DE „ t_1 etc. $= 7{,}5404266 - 10$.
$\overline{\quad - 10{,}8822321 - 15.}$
Z. Z. $= -0{,}00007625$.

$\log. V_2 - 1 = 0{,}0806286 - 3$.
„ $(t_1 \, t_3) = 1{,}2568766$.
DE „ t_2 etc. $= 7{,}9602193 - 10$.
$\overline{9{,}8197224.}$
Z. Z. $= -0{,}00020879$.

$\log. V_3 - 1 = 0{,}1000287 - 3$.
„ $(t_1 \, t_2) = 1{,}2504800$.
DE „ t_3 etc. $= 7{,}9627927 - 10$.
$\overline{9{,}3132284 - 13.}$
Z. Z. $= +0{,}00020571$.

$\quad -0{,}00007625.$
$\quad -0{,}00020879.$
$\overline{\quad -0{,}00028504.}$
$\quad +0{,}00020571.$
$\overline{\quad -0{,}00007933 = a.}$

$$\log. V_1 - 1 = 0{,}6325000 - 5.$$
$$DE \text{ ,, } t_1 \text{ etc.} = 7{,}3404286 - 10.$$
$$\text{,, } (t_2+t_3) = \underline{1{,}3456889\cdot}$$
$$\overline{9{,}9184344} - 15.$$
$$Z. Z. = + 0{,}0000095\cdot$$

$$\log. V_2 - 1 = 0{,}0806265 - 3.$$
$$DE \text{ ,, } t_2 \text{ etc.} = 7{,}9802193 - 10.$$
$$\text{,, } (t_1+t_3) = \underline{1{,}2821688\cdot}$$
$$\overline{9{,}3430146} - 13.$$
$$Z. Z. = + 0{,}0002203\cdot$$

$$\log. V_3 - 1 = 0{,}1000257 - 3.$$
$$DE \text{ ,, } t_3 \text{ etc.} = 7{,}9827927 - 10.$$
$$\text{,, } (t_1+t_2) = \underline{1{,}2741578\cdot}$$
$$\overline{9{,}3569762} - 13.$$
$$Z. Z. = - 0{,}0002172\cdot$$

$$+ 0{,}0000095\cdot$$
$$+ 0{,}0002203\cdot$$
$$+ 0{,}0002298\cdot$$
$$\underline{- 0{,}0002172\cdot}$$
$$+ 0{,}0000126 = b.$$

$$\log. V_1 - 1 = 0{,}6325089 - 5.$$
$$DE \text{ ,, } t_1 \text{ etc.} = \underline{7{,}3404286 - 10.}$$
$$8{,}9729355 - 15.$$
$$Z. Z. = - 0{,}00000088\cdot$$

$$\log. V_2 - 1 = 0{,}0806265 - 3.$$
$$DE \text{ ,, } t_2 \text{ etc.} = \underline{7{,}9802193 - 10.}$$
$$8{,}0608458 - 13.$$
$$Z. Z. = - 0{,}00001151\cdot$$

$$\log. V_3 - 1 = 0{,}1000257 - 3.$$
$$DE \text{ ,, } t_3 \text{ etc.} = \underline{7{,}9827927 - 10.}$$
$$8{,}0828184 - 13.$$
$$Z. Z. = + 0{,}00001156\cdot$$

$$- 0,00000823.$$
$$- 0,00001151.$$
$$- 0,00001174.$$
$$+ 0,00001185.$$
$$- 0,00000019 = c.$$

Ob kein Rechenfehler begangen wurde kann man jetzt sehen, wenn man die gefundenen Werthe für a, b, c in die Gleichung: $V_t = 1 + at + bt^2 + bt^3$ einführt, z. B.:

$$(t = + 1) \; at = - 0,00007933.$$
$$ct^3 = - 0,00000019.$$
$$\overline{- 0,00007952.}$$
$$bt^2 = + 0,00001260.$$
$$\overline{V_{+1} = 1 - 0,00006692 = 0,99993308.}$$

V_{+1} war beobachtet . . $\quad\quad 0,99993280.$
Es ergibt sich eine Differenz . $\quad 0,00000078,$

die so klein ist, dass man die Werthe von a, b, c für richtig annehmen kann.

Wir haben daher:

$$a = - 0,0000793; \; b = 0,0000126; \; c = - 0,0000019.$$

Setzen wir diese Werthe für a, b, c in die Gleichung:

$$V_t = 1 + at + bt^2 + ct^3,$$

so erhalten wir:

$$V_t = 1 - 0,0000793 t + 0,0000126 t^2 - 0,0000019 t^3$$

$$t_0 = \frac{- b + \sqrt{b^2 - 3ac}}{3c} = + 3°,41 \; C.$$

Dieser Werth für t_0 ist offenbar zu klein, und zwar desshalb, weil die Temperaturen zwischen denen wir das Minimum bestimmten, zu weit auseinander liegen. Es ist aber selbstverständlich, dass die Bestimmung von t_0 um so genauer wird, je näher die Temperaturen um das Minimum herumliegen, und wir haben obiges Beispiel nur beibehalten, *um zu zeigen, wie viel hierauf ankommt.*

In den folgenden Bestimmungen der Temperatur des Dichtigkeitsmaximums haben wir daher die Temperaturen, aus denen wir t_0 berechneten so gewählt, dass sie möglichst nahe an dem Punkte der grössten Dichte liegen. Obige Bestimmung von t_0 zeigt auch, dass es nicht gerathen ist, die Temperatur der grössten Dichtigkeit aus einer ganzen Beobachtungsreihe abzuleiten; man bekommt immer von dem verschiedene Resultate, welches man erhält, wenn man die nächstliegenden Temperaturen nimmt.

Für Wasser berechneten wir daher den Punkt des Dichtigkeitsmaximums aus folgenden Temperaturen:

Temperatur nach C.	Stand des Wassers	Volumina
0	131	1,000000
+ 2,9	126,86	0,999977
+ 5,03	127,25	0,999901
+ 5,8	128,3	0,999839

Das gebrauchte Dilatometer wog leer: $17,9370$ Grm. Mit Wasser, welches bei der Temperatur $0°$ bis zum Theilstrich 131 reichte, gefüllt wog es $31,5270$. Würde das Wasser $4°$ C. gehabt haben, so würde das Gewicht $13,6064$ gewesen sein. v war gefunden $0,00049$, folglich ist $\mu = 0,000036$. α war für die gebrauchte Glassorte $0,0000278$.

Die Gleichung: $V_t = 1 + at + bt^2 + ct^3$ lautet in diesem Fall:
$V_t = 1 - 0,00005089 t + 0,000001228 t^2 + 0,000000982 t^3$
und verlegt das Dichtigkeitsmaximum auf die Temperatur $+ 3°,66$ C., bei welcher wir, als der richtigsten stehen bleiben.

Zum Schlusse wollen wir die bis jetzt für das Dichtigkeitsmaximum von anderen Gelehrten gegebenen Temperaturen in einer Tabelle zusammenstellen.

Es ist *folgende*:

Beobachter	Berechner	Resultat	Methode
De Luc	Biot	3,42	
,,	Eckstrand	3,60	
,,	Paucker	1,76	Dilatometer
,,	Hallström	1,76	
Dalton	Dalton	2,22	Dilatometer
,,	Biot	4,23	
Gilpin	Young	3,89	Fläschchen mit einer
,,	Biot	3,89	Marke, deren Ge-
,,	Eytelwein	2,59	wichts-Veränderung
,,	Walbeck	0,44	durch die Wage be-
,,	Hallström	3,82	stimmt wurde
Schmidt	Eytelwein	2,91	Areometer
,,	Hallström	8,63	
Charles	Biot	3,99	Areometer
,,	Paucker	3,88	
Lefèvre-Gineau	Lefèvre-Gineau	4,44	
Hallström	Hallström	4,33	hydrostatische Wage
Bischof	Bischof	4,06	
Rumford	Rumford	4,36	
,,	,,	3,47	
Tralles	Tralles	4,23	
Hope	Hope	3,22	Methode der aufstei-
,,	,,	3,88	genden Ströme
,,	,,	4,16	
Eckstrand	Eckstrand	3,60	
Pierre	Frankenheim	3,66	
Muncke	Muncke	3,78	Dilatometer
Stampfer	Stampfer	3,75	hydrostatische Wage
Erman	Erman	3,914	Areometer
Despretz	Despretz	3,98	
Kopp	Kopp	4,01	Dilatometer
Neumann	Neumann	3,68	

Bestimmung des Dichtigkeitsmaximums bei einigen Salzlösungen.

Auch diese Aufgabe fällt nicht ganz in den Bereich unseres Themas, und wir geben sie nur um den Gang des Punktes der grössten Dichtigkeit durch vermehrten Salzgehalt, wovon wir schon Seite 15 gesprochen haben, zu zeigen.

Das Verfahren, wie wir die Temperatur des Maximums bestimmten, bleibt dasselbe wie bei reinem Wasser. Wir wissen bis zu welchem Theilstrich unserer Dilatometer die Salzlösung in der Temperatur $0°$ reicht, und wollen dieses Volumen mit V bezeichnen, so ist:

$$V_t = V + n \cdot v,$$

wo n der Unterschied im Stande der Salzlösung, bei $0°$ und $t°$ in Theilstrichen ausdrückt, und v das Volumen eines Theilstriches bedeutet. Ferner ist, wenn γ den Ausdehnungs-Coëfficienten der Salzlösung bezeichnet:

$$\begin{aligned}
V(1 + \gamma t) &= V(1 + \alpha t) + nv(1 + \alpha t) \\
&= (1 + \alpha t)(V + nv) \\
&= (1 + \alpha t)\left(1 + n\frac{v}{V}\right)V \\
&= (1 + \alpha t)(1 + n\mu)V \\
\hline
1 + \gamma t &= (1 + \alpha t)(1 + n\mu)
\end{aligned}$$

Für eine $1{,}022\%$ Chlornatrium-Lösung fanden wir Folgendes:

Temperatur nach C.	D. I.	D. II.	D. III.	Volumina
$+14{,}7$	$190{,}6$	$393{,}5$	$457{,}8$	$1{,}001087$
$+13{,}4$	$186{,}5$	$276{,}6$	$448{,}8$	$1{,}000906$
0	171	320	$417{,}5$	$1{,}000000$
$-2{,}8$	$176{,}5$	341	427	$1{,}000290$

Für das Dilatometer I war $\mu = 0{,}0000360$; $\alpha = 0{,}0000260$.
„ „ „ II „ $\mu = 0{,}0000120$; $\alpha = 0{,}0000255$.
„ „ „ III „ $\mu = 0{,}0000188$; $\alpha = 0{,}0000260$.

Die mit Volumina bezeichnete Columne unserer Tabelle giebt die Mittelzahl aus den Volumina aller 3 Dilatometer.

Der Werth von a $= - 0{,}0000168$.
„ „ „ b $= - 0{,}0000081$.
„ „ „ c $= - 0{,}0000012$.

Die Gleichung:
$$V_t = 1 - 0{,}0000168\,t - 0{,}0000081\,t^2 + 0{,}0000012\,t^3;$$
verlegt das Maximum der Dichtigkeit auf $+\,2{,}113$ C.

Der Procentgehalt wurde durch Titriren mit salpetersauerem Silberoxyd bestimmt.

Das specifische Gewicht war $1{,}0095$.

Der Gefrierpunkt ist $1{,}18°$ C., den wir nach Herrn *Despretz's* [43] Vorgang auf die Temperatur versetzen, wo die Flüssigkeit auf dem Punkte steht zu gefrieren.

Für eine $2{,}01\%$ Chlornatrium-Lösung erhielten wir folgende Tabelle:

Temperatur nach C.	D. IV.	D V.	Volumina
$+\,10{,}6$	205	432	$1{,}000818$
$+\,5{,}7$	179	415	$1{,}000168$
$-\,4{,}3$	176	419	$1{,}000143$
$-\,2{,}5$	169	$415{,}5$	$1{,}000070$
$-\,1{,}1$	161	412	$1{,}000015$
0	157	410	$1{,}000000$

Für das Dilatometer IV war $\mu = 0{,}0000113$; $\alpha = 0{,}0000260$.
„ „ „ V „ $\mu = 0{,}0000245$; $\alpha = 0{,}0000265$.

Der Werth von a $= - 0{,}0000472700$.
„ „ „ b $= + 0{,}0000088130$.
„ „ „ c $= - 0{,}0000001107$.

---

(43) C. Despretz. Comptes rendus 1857. II. p. 19.

Die Gleichung:
$$V_t = 1 - 0{,}0000472700\,t + 0{,}0000089130\,t^2 - 0{,}0000001107\,t^3;$$
verlegt das Maximum der Dichtigkeit auf $+ 0{,}272$.

Das specifische Gewicht war $1{,}0155$.
Der Gefrierpunkt ist $- 2°{,}18$ C.

Für eine $3{,}001\%$ Chlornatrium-Lösung:

Temperatur nach C.	D. I	D. II.	D. III.	Volumina
$+ 5{,}6$	$222{,}5$	471	462	$1{,}0004699$
$- 3{,}3$	$214{,}5$	444	447	$0{,}9999485$
$- 3{,}7$	215	$445{,}5$	$448{,}5$	$0{,}9999515$
0	214	$440{,}5$	446	$1{,}0000000$

Für das Dilatometer I war $\mu = 0{,}0000360$; $\alpha = 0{,}0000260$.
„ „ „ II „ $\mu = 0{,}0000120$; $\alpha = 0{,}0000255$.
„ „ „ III „ $\mu = 0{,}0000188$; $\alpha = 0{,}0000260$.

Der Werth von a $= - 0{,}0000274465$.
„ „ „ b $= + 0{,}0000055781$.
„ „ „ c $= + 0{,}0000025548$.

Die Gleichung:
$$V_t = 0{,}0000274465\,t + 0{,}0000055781\,t^2 + 0{,}0000025548\,t^3;$$
verlegt das Dichtigkeitsmaximum auf $- 2°{,}1$ C.

Das specifische Gewicht war $1{,}0228$.
Der Gefrierpunkt ist $- 2°{,}56$ C.

Bestimmung des Dichtigkeitsmaximums am Meerwasser.

Von drei verschiedenen Orten, von Triest Genua und Helgoland hatten wir Meerwasser erhalten, und diese drei Arten Wasser vermischt. Dieses so erhaltene Meerwasser hatte ein specifisches Gewicht von $1{,}0291$ bei $0°$ bezogen auf Wasser von $+ 4°$ C.

In der folgenden Tabelle sind unsere Resultate niedergelegt:

Tempe-ratur nach C.	Dilatometer III.		Dilatometer VI.		Dilatometer VII.		Mittelzahl aus den Volumina der einzelnen Dilatomer
	Stand des Meer-wassers	Volumina	Stand des Meer-wassers	Volumina	Stand des Meer-wassers	Volumina	
0	419,5	1,000000	388,5	1,000000	143	1,000000	1,000000
+10,4	468	1,001183	419	1,001125	311	1,001125	1,001125
−6,5	423	1,999900	392	0,999992	153,5	0,999991	0,999991
−7,1	426	0,999917	394	0,999996	165,5	0,999990	0,999967

Für das Dilatometer III war $\mu = 0{,}0000188$; $\alpha = 0{,}00002620$

„   „   „   VI „ $\mu = 0{,}0000290$; $\alpha = 0{,}00002600$

„   „   „   VII „ $\mu = 0{,}0000057$; $\alpha = 0{,}00002652$

Der Werth von $a = -0{,}00001841900$.

„   „   „ $b = +0{,}00000400310$.

„   „   „ $c = +0{,}00000083712$.

Die Gleichung:
$$V_t = 1 - 0{,}0800184190 \, t + 0{,}60008400810 \, t^2 + 0{,}000000083712 \, t^3$$
verlegt das Dichtigkeitsmaximum auf $-4{,}7364$.

Das specifische Gewicht war $1{,}0231$.

Der Gefrierpunkt war $-2{,}°_6$ C.

Wenn Herr *Despretz* das Dichtigkeitsmaximum auf die Temperatur $-3{,}°_{67}$ C. verlegt, so kann diese Abweichung von unserer Zahl nur darin liegen, dass, erstens Herr *Despretz* sich der graphischen Darstellung bediente, und zweitens die Temperatur die derselbe Gelehrte fand, desshalb höher liegen musste, weil sein Meerwasser ein geringeres specifisches Gewicht, nämlich $1{,}0273$ besass.

Die Zahl des Herrn *Despretz* scheint auch desshalb zu klein zu sein, weil Herr *Erman* durch seine so genauen Versuche ein Dichtigkeitsmaximum am Meerwasser, als jedenfalls unter $-3{,}°_{75}$ C. gelegen erwiesen hat.

Unsere Zahl würde wahrscheinlich mit der von *Marcet* und *v. Horner* berechneten übereinstimmen, wenn jene beiden Herren ihre erhaltenen Resultate ($-5{,}°_{25}$ und $-5{,}°_{56}$) für die Glasausdehnung corrigirt hätten.

Nachtrag.

I.

Bestimmung des Ausdehnungscoëfficienten des Glases.

Wie wir gesehen haben ist die Kenntniss der Glasausdehnung für unsere Untersuchung von der grössten Wichtigkeit. Wir haben daher für jede einzelne Glassorte den Ausdehnungscoëfficienten besonders bestimmt, und zwar nach folgender Art:

Die Bestimmung der scheinbaren Ausdehnung des Quecksilbers in Glasgefässen gibt ein Mittel ab, die Ausdehnung des Glases zu bestimmen, da die wahre Ausdehnung des Quecksilbers von *Dulong* und *Petit*", später von *Regnault*" hinlänglich genau festgestellt wurde.

Das Volumen des Quecksilbers bei 100° C. ist, berichtigt für die Glasausdehnung, gleich dem Volumen des Quecksilbers bei 0° C. multiplicirt mit dem Ausdehnungscoëfficienten des Quecksilbers zwischen 0° und 100° C. Wir haben daher folgende Gleichung:

$$V_{100}(1 + \alpha t) = V_0 (1 + \beta t),$$

in der α den cubischen Ausdehnungscoëfficienten des Glases, β den des Quecksilbers bezeichnet, welcher nach *Regnault* gleich ist $0{,}00018153$; oder da die Gewichte sich umgekehrt verhalten, wie die Volumina:

$$P_{100} = P_0 \frac{1 + \alpha t}{1 + \beta t} \text{ folglich:}$$

$$\alpha = \frac{P_{100}\, \beta t - (P_0 - P_{100})}{P_0\, t}$$

Da nun aber P_{100} selten wirklich gleich ist P_{100}, sondern vielmehr abhängig ist vom jedesmaligen Barometerstand, so heisst die Formel allgemein ausgedrückt:

$$\alpha = \frac{P_t\, \beta t - (P_0 - P_t)}{P_0\, t}$$

welche Formel auch sehr geeignet ist zur logarithmischen Rechnung.

---

(44) Ann. de chimie et de physique VII. p. 218 ff.

(45) V. Regnault, Relation des expériences entreprises par ordre de Mons. le Ministre des travaux publics, et sur la proposition de la Commission centrale des machines à vapeur, pour déterminer les principales lois et les données numériques qui entrent dans le calcul des machines à vapeur (Paris 1847, 766 pag. in 4., nebst Atlas.)

Wir bedienten uns folgendes überaus zweckmässigen Apparates, den Herr Professor *Jolly* von hier die Güte hatte uns anzugeben, und mit dem viele Beobachtungsfehler vermieden werden können. a (Fig. a Taf. I) war aus demselben Glase geblasen wie unsere Dilatometer und auf den Hals desselben Apparates passt sowohl die Kappe b als der Trichter c luftdicht darauf. Man wog den Apparat erst leer, füllte ihn dann mittelst der Luftpumpe mit chemisch reinem Quecksilber, setzte den Trichter darauf, der mit demselben Quecksilber gefüllt wurde, und brachte ihn auf ein Sandbad, um alle Luft durch Auskochen zu entfernen. War dieses geschehen, so wurde er nach dem Erkalten mehrere Stunden in Eis gestellt, bis man sicher sein konnte, das Quecksilber hätte wirklich die Temperatur $0°$ C. angenommen. Jetzt wurde der Trichter abgezogen, statt dessen die Kappe darauf gesetzt, und abgewartet bis die ganze Masse die Temperatur der Luft in der man die Wägung vornehmen sollte, angenommen hatte. Aus dem so erhaltenen scheinbaren Gewicht wurde das wahre Gewicht P_0, wie wir weiter unten zeigen werden, berechnet. P_t fanden wir jetzt dadurch, dass wir ebenso verfuhren wie oben, nur anstatt den Apparat in Eis zu setzen denselben in ein Kochgefäss brachten, wie man dasselbe zur Siedepunktsbestimmung von Thermometern braucht. Bemerkt muss noch werden, dass es nöthig ist das Gefäss auf eine metallene Unterlage zu stellen, weil sonst wegen des grossen Gewichtes leicht eine Gestaltsänderung des Glases eintreten könnte. Wir wandten eine ganze Reihe solcher Gefässe an.

Die damit erhaltenen Resultate sind folgende:

1) $P_0 = 596{,}4015$
$P_t = 587{,}4400$
$P_0 - P_t = 8{,}9615$
$b = 705{,}85^{mm}$
$\beta = 0{,}00018153$
$t = 97{,}°97$ C.

$$\log. P_t = 2{,}7689635 \qquad \log. P_0 = 2{,}7755397$$
$$\text{,, } \beta = 0{,}2569484 - 4 \quad \text{,, } \quad t = 1{,}9910931$$
$$\text{,, } t = 1{,}9910931 \qquad \overline{4{,}7666318}$$
$$\overline{5{,}0190050 - 4} \qquad Z.\,Z. = 58429{,}44$$
$$Z.\,Z. = 10{,}4477$$
$$P_0 - P_t = 8{,}9621$$
$$\overline{D = 1{,}4856}$$

$$\log. 1{,}4856 = 10{,}1719019 - 10$$
$$\text{,, } 58429{,}44 = 4{,}7666318$$
$$\overline{5{,}4052701 - 10}$$
$$Z.\,Z. = 0{,}00002525 = \alpha$$

2) $P_0 = 596{,}4332$
$ P_t = 587{,}4711$
$P_0 - P_t = 8{,}9621$
$ b = 705{,}81^{mm}$
$ \beta = 0{,}00018185\,?$
$ t = 97{,}°85\ C.$

woraus folgt, dass $\alpha = 0{,}00025397$
früher war: $\quad \alpha = 0{,}00025425$
$\overline{D = 0{,}00000028}$

Diese Bestimmung von α gilt nur für eine Glassorte. für eine zweite fanden wir:

3) $P_0 = 741{,}9184$
$ P_t = 730{,}8936$
$P_0 - P_t = 11{,}0248$
$ b = 715{,}08^{mm}$
$ \beta = 0{,}00018153$
$ t = 98{,}°32\ C.$

$$\log. P_t = 2{,}8638542 \qquad \log. P_0\ 2{,}8703562$$
$$\text{,, } \beta = 0{,}2569484 - 4 \quad \text{,, } \quad t\ 1{,}9926419$$
$$\text{,, } t = 1{,}9926419 \qquad \overline{4{,}8629981}$$
$$\overline{5{,}1154445 - 4} \quad Z.\,Z. = 72946{,}47$$
$$Z.\,Z. = 13{,}0450$$
$$P_0 - P_t = 11{,}0248$$
$$\overline{D = 2{,}0202}$$

$$\log. \ 2{,}0202 = 10{,}3053944 - 10$$
$$,, \ \ 72946{,}47 = \underline{4{,}8629961}$$
$$5{,}4423963 - 10$$
$$Z. Z. = \ 0{,}000027694 = \alpha$$

4) $P_o = 554{,}3130$
$P_t = 546{,}0868$
$P_o - P_t = \overline{8{,}2262}$
$b = 715{,}08$ mm
$\beta = \ 0{,}00018153$
$t = \ 98{,}°_{32}$ C.

$\log. P_t = 2{,}7372617$ $\log. P_o = 2{,}7437540$
$,, \ \ t = 1{,}9926419$ $,. \ \ t = \underline{1{,}9926419}$
$,, \ \ \beta = \underline{0{,}2589484 - 4}$ $4{,}7363959$
$4{,}9888520 - 4$ Z. Z. $= 54499{,}9$

Z. Z. $= 9{,}7466$
$P_o - P_t = \underline{8{,}2262}$
$D = 1{,}5204$

$\log. \ 1{,}5204 = 10{,}1819579 - 10$
$,, \ \ 54499{,}9 = \underline{4{,}7363959}$
$5{,}4455820 - 10$
Z. Z. $0{,}00002789 = \alpha$

5) $P_o = 574{,}2710$
$P_t = \underline{565{,}7454}$
$P_o - P_t = \ 8{,}5256$
$b = 711{,}62$ mm
$\beta = \ 0{,}00018153$
$t = \ 98{,}°_{17}$ C.

$\log. P_t = 2{,}7533980$ $\log. P_o = 2{,}7591169$
$,, \ \ \beta = 0{,}2589484 - 4$ $,, \ \ t = \underline{1{,}9919788}$
$,, \ \ t = \underline{1{,}9919788}$ $4{,}7510957$
$5{,}0043152 - 4$ Z. Z. $= 56376{,}2$

Z. Z. $= 10{,}0998$
$P_o - P_t = \underline{8{,}5256}$
$D = 1{,}5742$

$$\log.\ 1{,}5742 = 10{,}1970599 - 10$$
$$,,\ 56376{,}2 = 4{,}7510957$$
$$\overline{5{,}4459442 - 10}$$
$$Z.Z. = 0{,}000027924 = \alpha$$

6) $P_0 = 589{,}3827$
   $P_t = 580{,}6809$
$P_0 - \overline{P_t = \ \ 8{,}7018}$
   $b = 711{,}62^{mm}$
   $\beta = \ \ 0{,}00018153$
   $t = \ \ 98{,}°17\ C.$

$$\log. P_t = 2{,}7639376 \qquad \log. P_0 = 2{,}7703974$$
$$,,\ \beta = 0{,}2589484 - 4 \quad ,,\ \underline{t = 1{,}9919789}$$
$$,,\ \underline{t = 1{,}9919789} \qquad\qquad 4{,}7623762$$
$$5{,}0148684 - 4 \quad Z.Z. = 57859{,}7$$

$$Z.Z. = 10{,}3482$$
$$P_0 - \underline{P_t = \ 8{,}7018}$$
$$D = \ 1{,}6464$$

$$\log.\ 1{,}6464 = 10{,}2165354 - 10$$
$$,,\ 57859{,}7 = 4{,}7623762$$
$$\overline{5{,}4541592 - 10}$$
$$Z.Z. = 0{,}000028455 = \alpha$$

7) $P_0 = 598{,}5176$
   $P_t = 589{,}6705$
$P_0 - \overline{P_t = \ \ 8{,}8471}$
   $b = 706{,}73^{mm}$
   $\beta = \ \ 0{,}00018153$
   $t = \ \ 97{,}°98\ C.$

$$\log. P_t = 2{,}7708094 \qquad \log. P_0 = 2{,}7770769$$
$$,,\ \beta = 0{,}2589484 - 4 \quad ,,\ \underline{t = 1{,}9911374}$$
$$,,\ \underline{t = 1{,}9911374} \qquad\qquad 4{,}7682143$$
$$5{,}0209852 - 4 \quad Z.Z. = 58642{,}8$$

$$Z.Z. = 10{,}4881$$
$$P_0 - \underline{P_t = \ 8{,}8471}$$
$$D = \ 1{,}6410$$

$$\log. 1{,}4410 = 10{,}2134684 - 10$$
$$\text{,, } 58642{,}8 = 4{,}7682143$$
$$\overline{5{,}4438913 - 10}$$
$$Z. Z. = 0{,}000027983 = \alpha$$

Aus den früheren Versuchen war α gefunden.

Aus 3 folgt, dass $\alpha = 0{,}000027694 = \alpha_3$,
,, 4 ,, ,, $\alpha = 0{,}000027897 = \alpha_4$,
,, 5 ,, ,, $\alpha = 0{,}000027924 = \alpha_5$,
,, 6 ,, ,, $\alpha = 0{,}000028455 = \alpha_6$,
,, 7 ,, ,, $\alpha = 0{,}000027983 = \alpha_7$,
$$5\alpha = 0{,}000027990.$$

Das arithmetische Mittel ist also $0{,}000139953$.

Wir finden jetzt den mittleren Fehler unserer Beobachtungsreihe folgendermassen:

Bezeichnen wir den wahrscheinlichsten Werth für α, den wir durch das arithmetische Mittel erhielten mit A, so finden wir

$$\alpha_3 - A = 0{,}000000296 = f_3,$$
$$\alpha_4 - A = 0{,}000000093 = f_4,$$
$$\alpha_5 - A = 0{,}000000066 = f_5$$
$$\alpha_6 - A = 0{,}000000465 = f_6,$$
$$\alpha_7 - A = 0{,}000000007 = f_7,$$
$$f_3 + f_4 + f_5 + f_6 + f_7 = 0{,}000000927.$$

Nehmen wir jetzt aus der Summe aller dieser f, welche abgesehen vom Vorzeichen die Fehler der einzelnen Bestimmungen bezeichnen, das arithmetische Mittel, so bekommen wir den mittleren Fehler der ganzen Beobachtungsreihe $= 0{,}000000185$, der so klein ist, dass wir unseren Beobachtungen ein grosses Gewicht beilegen können.

Für die beiden ersten Bestimmungen von α erhalten wir als wahrscheinlichen Werth von α $0{,}0000254t$, woraus folgt, dass
$$f_1 = 0{,}000000014$$
$$f_2 = 0{,}000000014$$
$$f_1 + f_2 = 0{,}000000028,$$ also der mittlere Fehler noch kleiner, nämlich $0{,}000000014$ ist.

Für eine dritte Glassorte, aus der die meisten unserer Dilatometer gefertigt waren, fanden wir folgenden Werth von α:

$$P_0 = 528{,}0454$$
$$P_t = 520{,}0879$$
$$P_0 - P_t = 7{,}9575$$
$$b = 723{,}5^{mm}$$
$$\beta = 0{,}00018153$$
$$t = 98°{,}79 \; C.$$

$$\log. P_t = 2{,}7160768 \qquad \log. t = 1{,}9947130$$
$$\text{,,} \;\; \beta = 0{,}2589464 - 4 \quad \text{,,} \; P_0 = 2{,}7226712$$
$$\text{,,} \;\; t = 1{,}9947130 \qquad\qquad\quad 4{,}7173842$$
$$\qquad\qquad 4{,}9697382 - 4 \quad Z.Z. = 52165{,}8$$
$$Z.Z. = 9{,}3269$$
$$P_0 - P_t = 7{,}9575$$
$$D = 1{,}3694$$

$$\log. \; 1{,}3694 = 10{,}1365303 - 10$$
$$\text{,,} \;\; 52165{,}8 = 4{,}7173842$$
$$\qquad\qquad\qquad 5{,}4191461 - 10$$
$$Z.Z. = 0{,}00002625 = \alpha.$$

II.

Herstellung der Dilatometer und Anstellung der Beobachtung.

Wir nennen den von uns gebrauchten Apparat nach Vorgang des Herrn *Kopp* ein Dilatometer", und wie wir gesehen haben, besteht derselbe aus einer genau calibrirten Thermometerröhre, an die eine Kugel angeblasen wurde. Wir haben unsere Röhren aus vielen hundert von langen Capillarröhren, sowie sie aus der Glashütte kommen, ausgesucht, aber nur sehr wenige genau cylindrische gefunden

---

(46) „Untersuchung über das specifische Gewicht, die Ausdehnung durch die Wärme und den Siedepunkt einiger Flüssigkeiten", von *Hermann* Kopp. Pogg. Ann. Bd. LXXII. p. 9.

und auch nur immer kurze Stücke. Von der Cylindergestalt überzeugten wir uns durch das bekannte Verfahren, welches darauf beruht, dass man zusieht, ob die Länge eines in der Röhre verschiebbaren Quecksilberfadens immer dieselbe bleibt. Sowie diese Länge sich änderte, d. h. die Röhre konisch wurde, halfen wir uns, vorausgesetzt das wirklich cylindrische Stück hätte eine Länge von auch nur 6 Zoll gehabt folgendermassen: Gesetzt, das Stück a b (Fig. e Taf. I) sei wirklich gleich im Caliber, b c hingegen falsch, so theilten wir a b in gleiche Theile bis b, und liessen die Kugel bei c anblasen. Der Apparat wurde jetzt so gefüllt, dass die Flüssigkeit bei der niedrigsten Temperatur, der sie ausgesetzt werden sollte, nahezu bis b reichte, also das Stück b c ohne Einfluss auf das beobachtete Volumen blieb. Wir konnten diese Methode um so eher gebrauchen, als wir keine Volumenbestimmung für einen längeren Temperatur-Intervall machen wollten, sondern bei der Bestimmung der grössten Dichtigkeit einer beliebigen Flüssigkeit, nur wenige Grade über und unter dem Punkte des Maximums nöthig hatten, da die Bestimmung derjenigen Temperatur, für welche das Volumen ein Minimum wird, in dem Grade genauer ist, ein um je kleineres Stück der Ausdehnungscurve man genau bestimmt, und an diesem Curvenstück das Minimum aufsucht.

Gefüllt wurden die Dilatometer erst mit der Luftpumpe, und dann wurde der letzte Rest von Luft, der noch in dem Apparat zurückgeblieben war, durch Auskochen entfernt. Mittelst einer Cautschukröhre befestigte man an der Mündung der Röhre ein trichterähnliches Gefäss (Taf. I Fig. b) und setzte den Apparat so vorgerichtet in ein Kochgefäss, wie man es zur Siedepunktsbestimmung bei Thermometern braucht. Durch Erwärmen, Abkühlenlassen, Siedenlassen der Flüssigkeit, und nochmaliges Abkühlenlassen, wurde der Apparat fast ganz gefüllt. Die kleine Luftblase, die bei solchen Flüssigkeiten, *die* ein grosses Absorptionsvermögen für Luft besitzen, wie z. B. beim Wasser, noch zurückbleibt, kann man nur auf die Art entfernen, dass man in dem Augenblick, in welchem sich die Kugel fast ganz mit der Flüssigkeit anfüllt, den Apparat senkrecht stellt, wodurch das kleine Luftbläschen in der engen Röhre rasch in die Höhe steigen muss.

Nachdem so die letzte Spur von Luft vertrieben worden war, wurden die Instrumente nun verschiedenen Temperaturen ausgesetzt, zu deren Constanthaltung folgender Apparat diente. a (Taf. II) ist ein sehr grosses Becherglas, durch dessen hölzernen Deckel die 4 Dilatometer 1, 2, 3, 4, die zwei Thermometer[47] α, β und die Röhre i in eine concentrirte Kochsalzlösung hineinreichen. a steht seinerseits in b, welches Gefäss je nach dem Wasser, oder eine Kältemischung enthält. Ueber beide Gefässe ist die Glasglocke c gestellt, um die äussere Luft abzuhalten, was in der Schüssel d, in der sowohl b als c steht, durch Wasser geschieht. Die Röhre i geht luftdicht durch die Glocke durch, und dient zum Mischen und Umrühren der Kochsalzlösung in a. Bläst man nämlich durch g in die *Woulff*'sche Flasche e Luft hinein, so kann diese nur durch h und i entweichen und sie rührt daher die Kochsalzlösung in a um. e wird beinahe bis oben mit kaltem Wasser gefüllt, um die hineingeblasene Luft abzukühlen. Aus der Glocke c muss die comprimirte Luft von Zeit zu Zeit durch Oeffnen des Hahnes k entfernt werden. f ist ein Kathetometer zum Ablesen des Standes der Flüssigkeiten in den Dilatometern und der Thermometer, dienend. Mittelst dieses Apparates konnten wir die Temperatur, selbst Zehntel Grade C, längere

---

(47) Diese Thermometer, sowie alle anderen von uns gebrauchten, waren von Herrn Geisler in Bonn verfertigt, und nach dem Luftthermometer regulirt worden. Der Nullpunkt wurde nach jedem Versuche neu constatirt. Die Instrumente erlaubten $^1/_{10}$ direkt abzulesen.

Zeit hindurch constant halten. Zu bemerken ist noch, dass es durchaus nothwendig ist, die Dilatometer immer gleich weit in die Kochsalzlösung zu tauchen, weil sonst ein verschiedener Druck auf die dünnen Glaskugeln ausgeübt wird, wodurch der Stand der Flüssigkeit in den engen Röhren sich nicht unmerklich ändert.

In unserer Arbeit erstem Theil haben wir früher gezeigt, wie aus dem beobachteten Volumen das wahre berechnet wird; wir bemerken hier nur noch, dass eine etwaige Correctur, für den aus der Kältemischung herausragenden Theil des Instrumentes, wegen Temperatur-Verschiedenheit der umgebenden Luft, uns noch nöthig erschien, eine Correctur, die bis jetzt bei allen Arbeiten, welche mit solchen Dilatometern, über diesen Gegenstand ausgeführt wurden, merkwürdigerweise nicht angewendet worden ist, und die unter Umständen durchaus nicht vernachlässigt werden darf.

Diese Correctur wurde ganz so angewendet, wie man sie für den herausragenden Theil eines Thermometers bei Siedepunktsbestimmungen anbringt.

III.

Bestimmung des specifischen Gewichtes des Quecksilbers.

In der berühmten Abhandlung des Herrn *V. Regnault* in Paris, *„Relation des experiences entreprises par ordre de Mons. le Ministre des travaux publics, et sur la proposition de la Commission centrale des machines à vapeur, pour déterminer les principales lois et les donnés numériques qui entrent dans le calcul des machines à vapeur Paris 1847,"* ist der dritte Abschnitt überschrieben: *„Détermination du poids du litre d'air et la densité du mercure"*, und das specifische Gewicht des Quecksilbers sowohl, als auch das Gewicht der atmosphärischen Luft sind darin mit der bekannten Sorgfalt und Genauigkeit von Herrn *Regnault* bestimmt worden, und zwar nach folgender Methode:

Ein Glasballon, von ohngefähr 250—300 C. C. Inhalt, welcher in eine enge Röhre, von etwa 2ᵐᵐ Durchmesser verlief, wurde mit Quecksilber gefüllt, ausgekocht, und dann in Eis gestellt. Die enge Röhre hatte eine Marke, und man entfernte nun alles Quecksilber genau bis zu derselben, liess die Temperatur der Luft in der die Wägung vorgenommen werden sollte annehmen, und wog dann. Hierauf wurde dasselbe Gefäss bis zu derselben Marke mit destillirtem Wasser gefüllt und ebenso verfahren wie mit dem Quecksilber. Der Quotient ist natürlich das specifische Gewicht des Quecksilbers.

Es lässt sich nicht läugnen, dass bei einer hinreichend genauen Wage mit dieser Methode sehr scharfe Resultate erhalten werden müssen. In der That stimmen die Zahlen sehr gut mit einander überein; in allen steckt aber ein kleiner Fehler. Herr *Regnault* berechnet das wahre Gewicht, aus dem scheinbaren, durch Wägung in der Luft gefundenen, nach der gewöhnlichen Formel:

$$0{,}001293 \frac{b}{760} \frac{1}{1+\alpha t} \frac{p}{s} + p = W$$

wo p das scheinbare, W das wahre, s das specifische Gewicht bezeichnen.

In dieser Formel ist aber die durch die Messinggewichte verdrängte Luft ausser Rechnung gelassen.

Vollständig heisst die Formel so:

$$\left(0{,}001293 \frac{b}{760} \frac{1}{1+\alpha t} p \left[\frac{1}{13{,}6} - \frac{1}{8{,}4}\right]\right) + p = W,$$

wenn man annimmt, dass das specifische Gewicht der Messinggewichte $= 8{,}4$, das des Quecksilbers $13{,}6$ ist. Das wahre Gewicht des Quecksilbers wird daher kleiner als das scheinbare, weil das ganze Glied in der Klammer negativ wird.

Beim Wasser müsste dieselbe Correctur angebracht werden, und man würde daher haben:

$$\left(0{,}001293 \frac{b}{760} \frac{1}{1+\alpha t} p \left[1 - \frac{1}{8{,}4}\right]\right) + p = W,$$

und W wäre dann noch zu multipliciren mit $\frac{1}{0{,}999881}$ um das Volumen bei $+ 4°$ C zu erhalten. Die Zahl $\frac{1}{0{,}999991}$ müsste wahrscheinlicher heissen $\frac{1}{0{,}999877}$, nach Hrn. *Hermann Kopp*. Berechnet man das specifische Gewicht des Quecksilbers nach diesen vollständigeren Formeln mit Beibehaltung der *Regnault*'schen Wägungen, so erhält man etwas andere Zahlen, die schon in der vierten Decimalstelle von den früheren abweichen. Wenn diese Abweichung auch nur eine geringe zu nennen ist, so ist sie doch noch von Einfluss bei Messungen, wo die grösstmögliche Genauigkeit verlangt wird.

Herr *Regnault* gibt folgende Zahlen:

I.

Scheinbares Gewicht des Quecksilbers in der Luft $= 3156{,}613$,
$b = 754{,}00$ mm, $t = 17°{,}5$ C.,
daraus das wahre Gewicht:
nach *Regnault* $= 3156{,}894$
in Wahrheit $= 3156{,}440$.
Scheinbares Gewicht des Wassers in der Luft $= 231{,}898$.
$b = 755{,}01$ mm, $t = 18°{,}6$ C.,
daraus das wahre Gewicht bei $+ 4°$ C.
nach *Regnault* $= 232{,}193$
in Wahrheit $= 232{,}150$,
aus beiden das specifische Gewicht:
nach *Regnault* $= 13{,}59599$
in Wahrheit $= 13{,}59655$

$D = 0{,}00056$.

II.

Scheinbares Gewicht des Quecksilbers in der Luft = 2946,380,
b = 754,00 mm, t = 17°,9 C.,
daraus das wahre Gewicht:
nach *Regnault* = 2946,642
in Wahrheit = 2946,218.
Scheinbares Gewicht des Wassers in der Luft = 216,4496,
b = 749,50 mm, t = 18°,8 C.,
daraus das wahre Gewicht bei + 4° C.
nach *Regnault* = 216,732
in Wahrheit = 216,698,
aus beiden das specifische Gewicht:
nach *Regnault* = 13,59578
in Wahrheit = 13,59648
D = 0,00070.

III.

Scheinbares Gewicht des Quecksilbers in der Luft = 2858,273,
b = 761,30 mm, t = 16°,0 C.,
daraus das wahre Gewicht:
nach *Regnault* = 2858,531
in Wahrheit = 2858,196.
Scheinbares Gewicht des Wassers in der Luft = 209,9655,
b = 754,11 mm, t = 13°,46 C.,
daraus das wahre Gewicht bei + 4° C.
nach *Regnault* = 210,2467
in Wahrheit = 210,2187,
aus beiden das specifische Gewicht:
nach *Regnault* = 13,59602
in Wahrheit = 13,59623
D = 0,00021.

Nehmen wir das arithmetische Mittel aus den *Regnault*'-schen Zahlen, so bekommen wir 13,59593.

Das arithmetische Mittel aus den richtigeren Zahlen ist 13,59642 die Differenz dieser beiden Zahlenwerthe ist = 0,00049.

Dieser Unterschied ist nun in der That so gering, dass man in allen Fällen, wo eben nicht die äusserste Genauigkeit verlangt wird, die frühere Zahl unbeschadet beibehalten kann.

Eine andere Frage wäre die, ob es möglich ist, das Niveau in der engen Röhre immer constant herzustellen, und ob daraus nicht unvermeidliche Beobachtungsfehler entspringen; dann ob eine solche bedeutende Quantität Quecksilber ganz luftfrei ausgekocht werden kann, und ob sich, durch den grossen Druck, den ein Gewicht von über 3000 Grm. Quecksilber nothwendig hervorbringen muss, die Gestalt, mithin die Capacität des Ballons, nicht verändere.

Um diesen möglichen Uebelständen abzuhelfen, haben wir die Methode *Regnaults* etwas modificirt, und dadurch wirklich noch übereinstimmendere Resultate erhalten.

Wir wandten denselben Apparat an, den wir schon zur Bestimmung des Ausdehnungscoëfficienten unserer Glassorten gebraucht hatten, welcher, da er weniger Quecksilber fasst, die Schwierigkeit des Auskochens bedeutend vermindert, den Beobachtungsfehler, welchen das Einstellen bis zu einer bestimmten Marke unvermeidlich hervorruft, vollständig beseitigt, und da sein Gewicht kleiner ist, eine um so genauere Wägung erlaubt.

Das von uns angewandte Quecksilber war von fremden Metallen mittelst Eisenchlorid nach der Methode die von Herrn *Ulex* (Ann. der Chemie und Pharmacie herausgegeben von *Liebig* und *Wöhler* Bd. 60 1846) angegeben ist, gereiniget worden, und mit der Luftpumpe durch Holz gepresst worden; es kann daher als chemisch rein betrachtet werden.

Die Wägung wurde auf einer grossen Wage, verfertigt von Herrn *Staudinger* in Giessen vorgenommen, die ein $1/_{10}$ Milligramm bei 2000 Grm. Belastung genau abzuwägen *erlaubte.*

Die Barometer-Beobachtungen wurden an dem Normal-Instrument des hiesigen physikalischen Cabinets gemacht; die Thermometer waren von Herrn *Geisler*[48] in Bonn gefertigt, und nach dem Luft-Thermometer regulirt worden; sie erlaubten $1/_{10}°$ C. direkt abzulesen.

Wir erhielten folgende Resultate:

(im Folgenden ist mit Hg das scheinbare Gewicht, mit W_{Hg} das wahre Gewicht des Quecksilbers; mit HO das scheinbare Gewicht des Wassers, mit W_{HO} das wahre Gewicht des Wassers bei $+ 4°$ C. bezeichnet.)

Das wahre Gewicht wurde nach den vollständigen Formeln, die wir oben gegeben haben, berechnet.

I. Hg = 596,4332
   b = 705,98; t = 8°,1 C.
W_{Hg} = 596,4015
HO = 43,8204
   b = 712,97; t = 7°,9 C.
W_{HO} = 43,8638

hieraus folgt: N. log. W_{Hg} — log. W_{HO} = spec. Gew. Quecksilber

„ W_{Hg} = 2,7755387
„ W_{HO} = 2,6421319
„ D = 1,1334068
Z. Z. = 13,59586

Diese letzte Zahl ist also das specifische Gewicht des Quecksilbers, und zwar: Quecksilber von 0° C. bezogen auf Wasser von der Temperatur der grössten Dichte.

Die Abweichung unserer Zahlen von den *Regnault*'schen werden wir zum Schlusse bei Berechnung der mittleren Fehler und des Gewichts unserer Beobachtungsreihe geben.

---

(48) Worin der Unterschied dieser Geisler'schen Thermometer von den übrigen gebräuchlichen besteht haben die Hrn. Päckler und *Geisler* in Pogg. Ann. ausgeführt.

II Hg = 554,6082 (b = 715,08 mm; t = 11°,0 C.)
W$_{Hg}$ = 554,3130
HO = 40,7172 (b = 706,00 mm; t = 8°,0 C.)
W$_{HO}$ = 40,7715

  log. W$_{Hg}$ = 2,7437540
  ,, W$_{HO}$ = 1,6103500
    D = 1,1334040
   Z. Z. = 13,1359577 = spec. Gew. Quecksilber.

III. Hg = 741,9184 (b = 715,08 mm; t = 11°,0 C)
W$_{Hg}$ = 741,5235
HO = 54,4846 (b = 706,30 mm; t = 9°,0 C.)
W$_{HO}$ = 54,5404

  log. W$_{Hg}$ = 2,8701249
  ,, W$_{HO}$ = 1,7367183
    D = 1,1334066
   Z. Z. = 13,59585 = spec. Gew. Quecksilber.

IV. Hg = 574,3015 (b = 711,635 mm; t = 10°,5 C.)
W$_{Hg}$ = 574,2710
HO = 42,1922 (b = 715,08 mm; t = 11°,0 C.)
W$_{HO}$ = 42,2388

  log. W$_{Hg}$ = 2,7591169
  ,, W$_{HO}$ = 1,6257109
    D = 1,1334060
   Z. Z. = 13,59566 = spec. Gw. Quecksilber.

V. Hg = 589,4140 (b = 711,635 mm; t = 10°,0 C.)
W$_{Hg}$ = 589,3827
HO = 43,3030 (b = 715,08 mm; t = 11°,0 C.
W$_{HO}$ = 43,3502

  log. W$_{Hg}$ = 2,7703973
  ,, W$_{HO}$ = 1,6369911
    D = 1,1334062
   Z. Z. = 13,59596 = spec. Gew. Quecksilber.

VI. Hg = 598,5492 (b = 706,23 ""; t = 10°,0 C.)
W_Hg = 598,5475
HO = 43,9985 (b = 715,05 ""; t = 11°,0 C.)
W_HO = 44,0221

$$\begin{aligned}\log. W_{Hg} &= 2{,}777070\\ „\quad W_{HO} &= 1{,}643705\\ \hline D &= 1{,}133404\end{aligned}$$

Z. Z. = 13,59593 = spec. Gew. Quecksilber.

Das arithmetische Mittel aus allen Zahlen ist = 13,59584.

Wir haben daher bei I Fehler = 0,00002
„ „ „ „ II „ = 0,00007
„ „ „ „ III „ = 0,00001
„ „ „ „ IV „ = 0,00002
„ „ „ „ V „ = 0,00002
„ „ „ „ VI „ = 0,00002
——————
0,00016

Mittlerer Fehler der ganzen Beobachtungsreihe = 0,0000266.

Nach *Regnault* ist das specifische Gewicht des Quecksilbers aus Nr. I = 13,59599
„ II = 13,59578
„ III = 13,59602
——————
40,78779.

Das arithmetische Mittel ist daher 13,59593.

Wir haben daher aus I Fehler = 0,000060
„ „ „ „ II „ = 0,000210
„ „ „ „ III „ = 0,000090
——————
0,000360

Mittlerer Fehler der ganzen Beobachtungsreihe = 0,0001200
„ „ unserer „ „ = 0,0000266
——————
D = 0,0000934

Wir werden im Allgemeinen einer Beobachtungsreihe um so grösseres Zutrauen schenken, ihr ein um so grösseres Gewicht beilegen, je kleiner der mittlere Fehler ist, der sich aus derselben ergibt. Das Gewicht zweier entsprechenden Beobachtungsreihen wird sich also umgekehrt verhalten, wie die mittleren Fehler derselben. Ist z. B. f der mittlere Fehler der einen, F der der anderen, und g und G ihre Gewichte, so haben wir $f : F = G : g$ oder $G = g \frac{f}{F}$. Sei jetzt $g = 1$, so ist $G = \frac{f}{F}$. Ist das Gewicht der *Regnault*'schen Beobachtungsreihe gleich 1, so ist das der unsrigen $\frac{1200}{266} = 4{,}509$. Wir sind daher berechtigt, unserer Zahl vier und einhalb mal so viel Zutrauen zu schenken, wie der *Regnault*'schen [49].

IV.
Bestimmung des Gewichtes eines Litres trockner Luft zu München.

In der schon Nachtrag III citirten Arbeit des Herrn *Regnault* ist das Gewicht eines Liters trockener atmosphärischer Luft zu $1{,}293187$ Grm. angegeben. In dieser Zahl steckt ein Rechenfehler, den Herr *Lasch*[50] in Berlin berichtiget hat. Nach ihm heisst die wahre Zahl $1{,}292807$.

Diese Zahl gilt streng genommen nur für die Breite von 45°. Herr *Regnault* giebt nun zwar eine Correctionsformel, um das Gewicht eines Litres Luft in jeder beliebigen Breite und Höhe zu berechnen, aber auch diese ist nicht sehr genau. Wir entnehmen der schon angeführten Abhandlung des Herrn *Lasch* eine genauere Formel. Es ist folgende:

---

(49) Diese Betrachtung ist nicht streng mathematisch, das Gewicht unserer Beobachtungsreihe würde nach der Methode der kleinsten Quadrate berechnet, ein noch grösseres Uebergewicht gegen Hrn. Regnault haben.

(50) Poggendorff Ann. Ergänzungsband I.

$$\frac{1{,}2927807 \ (1 - 0{,}0025935 \ \text{Cos.} \ 2\varphi)}{1 + \frac{2h}{R}}$$

Wir haben jetzt für München $\varphi = 48{,}°10$, $h = 1626'$. Der mittlere Radius der Erde ist $= 3266322$ Toisen. Mithin ist das Gewicht eines Litres trockener atmosphärischer Luft in München $= 1{,}296402$ Grm., welche Zahl von uns gebraucht wurde.

V.
Einfluss des Dichtigkeits-Maximums auf die Temperatur der Meere.

Nachdem wir gesehen haben, dass das Meerwasser sein Dichtigkeitsmaximum nicht wie reines Wasser über seinem Gefrierpunkte, sondern unter demselben hat, so wollen wir den Einfluss, den diese Erscheinung möglicherweise im Meere hervorbringen könnte, näher betrachten.

Vergegenwärtigen wir uns zuerst die Erscheinungen, die sich uns beim Gefrieren von Süsswasserseen und Flüssen darbieten.

Es kann kein Zweifel darüber bestehen, dass das Gefrieren eines stehenden süssen Gewässers nur in folgender Weise vor sich gehen kann. Wir können das allgemeine hydrostatische Princip, dass Flüssigkeiten von verschiedenem specifischem Gewicht unter einander geschüttelt, sich nach hergestelltem Ruhezustand so über einander ordnen, dass die schwerste den tiefsten Punkt, die leichteste den obersten einnimmt. Es ist nun aber ganz gleich, ob man Quecksilber, Wasser und Aether durcheinander schüttelt, oder ob das ungleiche specifische Gewicht bedingt ist durch die Temperatur in der sich verschiedene Schichten ein und derselben Flüssigkeit befinden. Nehmen wir an, die ganze Wassermasse eines Sees hätte eine Temperatur von 10 Grad, als der Frost eintrat; bald wird die oberste Schichte nur noch 9 Grad besitzen; da aber Wasser von 9 Grad specifisch schwerer ist als Wasser von 10 Grad, so sinkt dieses Wasser von 9 Grad nieder, und wird durch wärmeres ersetzt, welches sich seinerseits ebenso erkältet, dadurch schwerer wird und niedersinkt. Dieser Prozess geht so lange vor sich, bis der letzte Tropfen von 10 Grad Temperatur nur noch 9 Grad besitzt. Jetzt erfährt das Wasser von 9 Grad ganz dasselbe Schicksal wie früher das von 10 Grad. Es verliert 1 Grad Wärme und sinkt zu Boden, Schicht für Schicht kommt an die Oberfläche, Schicht für Schicht nach unten. Dieses Abgekühltwerden und Niedersinken wiederholt sich genau unter denselben Umständen bei Wasser von 8, 7, 6 und 5 Grad. Hat aber die ganze Masse nur noch 4 Grad Wärme, so ändert sich der Vorgang vollständig. Das Dichtigkeitsmaximum ist erreicht, und durch Wärmeverlust kann das Wasser nicht mehr specifisch schwerer werden, es wird also aufhören, niederzusinken. Der Frost dauert aber fort, und die oberste Wasserschicht muss ihre 4 Grad Wärme an die kalte Luft verlieren, sie wird bald auf 0° anlangen und gefrieren. Das Eis ruht auf einer Wassermasse, die, wenigstens am Grunde, noch eine Temperatur von $+ 4°$ C. besitzt. Dieser Umstand, sowie das schlechte Leitungsvermögen des Eises [51] für die Wärme ist es, was uns unsere stehenden Gewässer erhält; denn würde das Wasser kein Dichtigkeitsmaximum besitzen, so würde die ganze Wassermasse gleichzeitig auf 0° anlangen, und bis zum Grunde gefrieren. Keine Sonnenwärme des Sommers würde im Stande sein, eine solche Eismasse zu schmelzen, und unsere klimatischen Verhältnisse müssten sich ganz anders gestalten, ja Gegenden die an Seen lie-

---

(51) Eigene Messungen zu geben, behalten wir uns vor, und verweisen fürs Erste auf Dalton in den Mem. of the Soc. of Manchester V. p. 2 und 373; sowie auf Erman in Gilberts Ann. XI. p. 166.

gen und denen jetzt die Wohlthat des leichteren Verkehrs zu Theil wird, würden fast unbewohnbar werden. Selbstverständlich könnte kein Fisch noch sonst organisches Wesen in einem See existiren.

Wir haben schon gesehen, dass man auf diese Schichtenbildung in ruhigem Wasser eine Methode gegründet hat, die Temperatur des dichtesten Wassers zu bestimmen.

Beim Gefrieren eines Flusses kommt ein neuer Factor hinzu, der eine so regelmässige Schichtenbildung, wie wir sie an ruhigem Wasser kennen nicht zulässt, mithin den ganzen Vorgang verändert. Dieser mächtige Umstand ist die Bewegung, der grösste Feind jeder Krystallbildung, mithin auch des Eises. Ein Fluss friert, so widersinnig dieses scheinen mag, nach anderen Gesetzen als ein See.

Möge auch die ganze Wassermasse eines Flusses bei beginnendem Froste 10° Wärme haben, so wird auch hier die Erkaltung von oben nach unten eintreten; aber eben durch die Bewegung kann eine regelmässige Schichtenbildung, von der wir das Gesetz beim Frieren eines Sees abzuleiten genöthigt waren, nicht stattfinden. Alle die Schichten von verschiedener Temperatur werden durch einander geworfen werden, und die Schlusstemperatur wird eine resultirende von den Temperaturen aller Schichten werden müssen. So lange der Frost fortbesteht, wird nun aber diese resultirende Temperatur, eben wieder durch die Bewegung, in jedem Augenblick eine andere werden müssen, und zwar so lange, bis die ganze Wassermasse gleichzeitig auf 0° anlangt. Wir haben jetzt quasi fliessendes Eis vor uns, oder doch wenigstens eine Flüssigkeit, in der sich fein vertheiltes Eis befindet.

Wo wird sich jetzt die erste Spur von compactem Eis bilden? *Arago*[52] gibt uns die Antwort darauf. Denken

---

(52) Annuaire pour l'an 1853 présenté au Roi par le bureau *des longitudes*, p 244.

wir uns eine gesättigte Salzlösung die krystallisiren soll. Wo werden sich die ersten Spuren von Krystallen bilden? Jedenfalls dort, wo die ersten Rudimente der Krystalle einen sicheren Anhaltspunkt finden werden, dort wo die jungen Krystalle sicher sind, vor ihrem ärgsten Feinde, dem grössten Hindernisse ihres Entstehens, der Bewegung. In der That beschleunigt man die Krystallbildung durch Hineinhängen einer Schnur, oder durch Hineinstellen eines spitzigen oder rauhen Gegenstandes. Ist nun aber eine auf 0° angelangte Wassermasse nicht auch eine zur Krystallbildung befähigte Flüssigkeit, und werden daher die ersten Spuren der Krystallbildung resp. des Eises nicht auch dort auftreten müssen, wo ihm ein Stützpunkt geboten wird, wo es am wenigsten ergriffen wird von der Bewegung? Wo sollten diese Bedingungen mehr zutreffen als am Boden des Flusses. Hier finden wir spitze Steine, Aeste u. dgl. mehr Beförderer der Krystallbildung. Hier ist die Bewegung, wenn überhaupt vorhanden, doch nicht so stark und stossweise, wie an der Oberfläche.

In dieser Betrachtung liegt das ganze Geheimniss der Grundeisbildung, eines Phänomens, welches zu den verschiedenartigsten und widersprechendsten Hypothesen Veranlassung gegeben hatte, bis durch *Arago* eben durch diese Erklärung, jede andere Bildungsweise des Grundeises bezweifelt und behauptet wurde, dass sich dieses Eis nie anders bilde, als wenn der Boden des Flusses bedeckt ist mit spitzen oder rauhen Gegenständen und die ganze Wassermasse 0° C. habe.

Mag *Arago* auch das Verdienst haben, der Erste gewesen zu sein, der die Grundeisbildung einem grösseren Publikum wissenschaftlich erklärte, so war er doch nicht der Erste, der überhaupt diese Erklärungsweise beibrachte, vielmehr ist der deutsche Gelehrte *v. Horner*[53] derjenige,

---

(53) J. S. T. Gehler. Physikalisches Wörterbuch, neu bearbeitet von *Brandes, Gmehlin, Horner, Muncke* und *Pfaff*. Bd III. p. 127.

der diese Ansicht viel früher als *Arago* entwickelt hat. Wie dem auch sei, beide Gelehrte stellen diese Ansicht als Hypothese auf, und sind nicht im Stande, sie experimentell zu beweisen. Wir wollen es versuchen.

Erinnern wir uns der Eigenthümlichkeit des Wassers beim Erkälten unter 0°, wenn es vor Erschütterung bewahrt wird, noch flüssig zu bleiben, so können wir annehmen, dass diese Eigenthümlichkeit dadurch bedingt sei, dass es den ersten Keimen der Krystalle an einem Anhaltspunkte fehle, und desshalb keine Eisbildung an den glatten Glaswänden unserer Dilatometer zu erwarten sei[54]. Wir thaten daher in die Kugel eines unserer Apparate kleine, spitze Steinchen, was leicht vor dem Anschmelzen der Kugel an das Rohr geschehen kann. Sobald die Temperatur 0° überschritt, krystallisirte das Wasser und zwar immer von den Steinen aus; es war unmöglich, das Wasser unter 0° zu erkälten Hiemit der Beweis, dass die Steine und Aeste in einem Flusse eine nothwendige Rolle bei der Grundeisbildung spielen müssen.

Auch noch auf andere Art kann dieses bewiesen werden. Legen wir in eine Glasflasche einige Steinchen, giessen Wasser auf dieselben und erkälten dieses unter fortwährendem Bewegen, bis die ganze Wassermasse 0° hat. Jetzt beginnt auch hier eine Eisbildung von den Steinen aus.

Man kann zwar nicht behaupten, dass eine Grundeisbildung jedesmal dem Gefrieren eines Flusses vorangehen müsse, denn ist der Strom nicht stark genug, um die Schichtenbildung zu zerstören, so wird die Eigenschaft des Wassers ein Maximum der Dichte zu haben, sich auch hier geltend machen, der Fluss wird von oben aus frieren, und

---

(54) Man könnte diese Erscheinung wohl auch vergleichen, mit der Eigenthümlichkeit, welche eine sehr concentrirte Glaubersalzlösung darbietet, die auch nicht krystallisirt; — denn ist nicht eine unter 0° erkältete Wassermasse auch eine übersättigte krystallbildungsfähige *Flüssigkeit*?

zwar vom Rande aus, weil erstens der Fluss hier am wenigsten tief ist, mithin die Wassermasse hier am raschesten 0° bekommen wird, und am Rande sich auch die meisten Anhaltspunkte für die jungen Eiskrystalle finden werden.

Geht das Gefrieren eines Flusses schon nicht mehr nach denselben Gesetzen vor sich, als das Gefrieren eines Süsswassersees, so werden wir beim Meere noch complicirtere Verhältnisse erwarten müssen, und in der That giebt es bis jetzt gar keine genügende Erklärung für das Gleichgewicht der Meeresschichten. Weder in Lehrbüchern, noch in dem berühmten Werk des Amerikaners *Maury*[55] über die physikalische Geographie des Meeres finden wir Genügendes.

Wir glauben daher einen nicht unwillkommenen Beitrag zu liefern, wenn wir diesen Gegenstand näher beleuchten, und die noch dunkeln Punkte zu erklären versuchen.

Vergegenwärtigen wir uns zuerst die Art, wie das Meer frieren kann.

Wir wissen, dass das Dichtigkeitsmaximum des Meerwassers unter dem Gefrierpunkte desselben liegt, und dieser Umstand müsste bei süssem Wasser, wie wir auch schon sahen, die unausbleibliche Folge haben, dass die ganze Wassermasse auf einmal erstarrte. Warum friert nun aber das Meer nicht bis auf den Grund, warum friert die offene See überhaupt fast nie? Ohne alle Ausdehnungsanomalie kommt die ganze Wassermasse des Meeres gleichzeitig auf ihrem Erstarrungspunkte an und die Eisbildung beginnt. Wir wissen aber, dass eine Salzlösung sich beim Gefrieren in ein ziemlich reines Eis[56] und in eine noch concentrirtere Lö-

---

(55) *M. F.* Maury. Physical geography of the sea. Mit Atlas. London 1861.

(56) Dass das Meereis süsses Wasser gebe, bemerkte schon Thomas Bartholinus (de nivis usu medico observationes variae accedit Erasmi Bartholini de figura nivis. Dissertatio Hafniarum 1661) und *Robert Boyle* (New experiments and observation touching

sung umsetzt. In dem Maasse aber, als eine Salzlösung concentrirter wird, wird ihr Gefrierpunkt erniedrigt, wird ihr specifisches Gewicht vermehrt. Diese neu gebildete concentrirtere Salzlösung wird also nicht mehr frieren, sondern niedersinken.

Eine nothwendige Folge des Niedersinkens der concentrirteren Lösung muss die Zunahme des specifischen Gewichtes mit der Tiefe sein. Der so genau experimentirende Herr *E. Lenz* kommt in seiner Schrift *(Physikalische Beobachtungen, angestellt auf einer Reise um die Welt unter dem Commando des Capitains Otto v. Kotzebue in den Jahren 1823, 1824, 1825, 1826. Petersburg 1829)* zwar zu dem Resultat „das Weltmeer hat vom Aequator bis zu 45° Breite in allen Tiefen bis auf 1000 Tiefen ein und denselben Salzgehalt", aber bis zu 45° Breite friert das offene Meer wohl niemals, und wir haben ein Concentrirterwerden nur durch das Frieren behauptet.

Die Beobachtungen, die uns über den Salzgehalt des Polarmeeres in verschiedenen Tiefen vorliegen, geben nur das specifische Gewicht der Oberfläche, mit Ausnahme einer einzigen, die wir hier mittheilen wollen. Sie ist angeführt von *Marcet* in der schon citirten Schrift „*On the specific gravity and temperature of Sea Waters, in different parts of the Ocean and in particular seas; with some count of their saline contents. Philosophical Transactions 1819*", in der die achte Tabelle lautet: „*Temperature and specific gravity of sea water at the surface and at certain depths, as ascertained by Mr. Fischer, on board the Dorothea, during the late voyage to the Arctic Seas.*"

Cold, London 1665), dass die Brauer zu Amsterdam das Wasser des Meereises zum Bier benutzten. Die meisten Versuche aber sind von *Parrot* (Gilbert Ann. LVII. p. 144) und Marcet (Philosoph. Transactions 1819).

Datum	Breite	Länge v. Greenwich	Tiefe in Faden	Tiefe Spec. Gew.	Tiefe Temp. F.	Oberfläche zur gleichen Zeit Temp. F.	Oberfläche zur gleichen Zeit Spec. Gew.	Anmerkung.
Juli 1819	79° 10′ 80° 14′	11° 10′ 0.	40	1,0273	35,5	31,8	1,0267	Das Schiff war 10 Meilen von Spitzbergen entfernt, und vom Eise eingeschlossen. Die Messungen konnten daher genauer angestellt werden, als sonst auf offener See.
			60	1,0273	36	32	1,0267	
			100	1,0271	36,3	32	1,0267	
			124	1,0275	36,7	33,4	1,0264	
			140	1,0279	36,3	32	1,0255	
			188	1,0281	42,5	33	1,0213	
			304	1,0282	39	31	1,0264	

Stimmen die Zahlen auch nicht sehr scharf miteinander überein, so ist doch eine bedeutende Zunahme des specifischen Gewichtes mit der Tiefe zu bemerken.

Durch die Eigenschaft einer Salzlösung sich beim Frieren in reines Eis und in eine concentrirtere Lösung zu verwandeln, haben wir den Grund warum das Meer nicht bis auf den Boden friert. Die Ursache aber warum es nur in hohen Breiten friert ist die, dass über den Meeren mittlerer Breite der Frost früher vergeht, als bis die ganze Wassermenge auf den Gefrierpunkt anlangen konnte. Wir sehen auch warum wir mit zunehmender Tiefe kälteres Wasser finden, denn dieses kältere Wasser ist dasjenige, welches an der Oberfläche erkältet wurde, und vermöge des hiedurch bedingten grösseren specifischen Gewichtes niedersank. Zu einer Eisbildung kann es also nur in den Polarmeeren kommen, weil nur hier der Frost lange genug anhält, um bei der bedeutenden Tiefe des Meeres, jedes Wassertheilchen die Reise an die Oberfläche machen zu lassen, und früher als bis jedes Wasseratom bis zum Gefrierpunkt erkältet wurde, kann nach den bestehenden statischen Gesetzen eine Eisbildung nicht eintreten. Ist aber einmal in den Polarmeeren die oberste Eisschicht gebildet so schützt *sie vermöge ihres schlechten Wärmeleitungsver-*

mögens die unter ihr befindliche Wassermasse vor dem Erstarren.

Wir kommen nun zu einer Frage, die bis jezt nicht erklärt wurde, und die auf den ersten Blick im Widerspruche zu stehen scheint mit Allem was wir über das Gleichgewicht der Meeresschichten gesagt haben. Es liegen directe Messungen, welche im Polarmeere angestellt wurden vor, die alle das Resultat liefern, das Wasser sei in der Tiefe wärmer als an der Oberfläche. Diese Messungen sind angestellt von den bekanntesten Polarreisenden von *Beechy, Fischer, Sabine, Franklin* und die meisten von *Scoresby*.

Wir thun wohl am besten ihre Resultate zusammenzustellen und dann die Folgerungen daraus zu ziehen. Es ergiebt sich folgende Tabelle:

N. B.	Länge v. Greenwich	Monat	Temp. d. Oberfläche	Tiefe in Faden	Temp. der Tiefe	Beobachter
76	9 O.	April	$-0{,}75$	123	$1{,}0$	Scoresby[57]
76	11 „	„	$-2{,}1$	123	$-1{,}1$	„
76,₄	10 „	„	$-1{,}1$	100	$1{,}5$	„
77	8 „	Mai	$-1{,}5$	100	$-1{,}1$	„
77	12 „	„	$0{,}5$	700	$6{,}1$	Franklin[58]
77,₅	2,₅ „	„	$-1{,}67$	110	$-0{,}6$	Scoresby
78	0 W.	Juni	$0{,}0$	761	$3{,}3$	„
79	5,₃ O.	Mai	$-1{,}67$	730	$2{,}8$	„
79	5,₅ „	„	$-1{,}67$	400	$2{,}2$	„
80	5 „	Juni	$-1{,}2$	120	$2{,}3$	„
80	10 „	Juli	$0{,}2$	185	$2{,}3$	Franklin
80	11 „	„	$0{,}2$	237	$1{,}9$	„
80	11 „	August	$-0{,}9$	34	$0{,}6$	„
80	11 „	Juli	$0{,}0$	60	$7{,}8$	Fischer[59]
80	11 „	„	$0{,}0$	100	$7{,}9$	„
80	11 „	„	$0{,}0$	140	$8{,}0$	„
80	11 „	„	$-0{,}3$	304	$4{,}0$	„
80	11 „	„	$0{,}9$	95	$1{,}9$	Beechy[60]

(57) Tagebuch einer Reise auf den Wallfischfang p. 256 und Account of the Arct. Reg. T. I. p. 187.

(58) Gilbert Ann.

(59) Gilbert Ann. LXIII. p. 263.

(60) Gilbert Ann. LXIII. p. 261.

N. B.	Länge v. Greenwich	Monat	Temp. d. Oberfläche	Tiefe in Fäden	Temp. der Tiefe	Beobachter
80	11 O.	Juli	— 0,7	140	2,5	Beechy
80	11 ,,	,,	0,2	200	1,9	,,
80	11 ,,	,,	0,0	331	1,8	,,
80	11 ,,	,,	— 0,6	110	1,9	Franklin
80	11 ,,	,,	0,5	120	2,2	,,
80	11 ,,	,,	— 0,2	130	2,1	,,
80	11 ,,	,,	0,0	145	2,1	,,
80	11 ,,	,,	0,2	217	2,0	,,
80	11 ,,	,,	1,1	285	1,9	,,
80	11 ,,	,,	0,2	305	2,2	,,
81,1	10,0 ,,	Juni	1,1	72	1,1	,,
81,2	24 ,,	Juli	0,2	400	— 1,1	Parry[61]

Wir sehen auf den ersten Blick dass alle Beobachtungen, welche uns vorliegen, angestellt sind zwischen 15° östl. und 15° westl. Länge von *Greenwich* und nördlich des 75ten Breitegrades also zwischen Spitzbergen und Grönland. Nur an jener Stelle findet diese sonderbare Anomalie statt, während andere Messungen, veranstaltet von *Ross*, *Parry*, *Sabine*, *Mulgrawe*, in derselben Breite aber zwischen anderen Meridianen namentlich in der *Baffinsbay* ein Resultat gaben, welches vollständig mit den Messungen in anderen Meeren übereinstimmt, also mit zunehmender Tiefe, abnehmende Temperatur ergibt. Wie wir aus den beiden letzten Angaben unserer Tabelle ersehen, hört die wärmere Temperatur auch nördlich des 80ten Breitegrades auf.

Scoresby[62], der wohl wusste, dass seine im grönländischen Meere gemachten Temperaturbestimmungen, den Ergebnissen anderer Messungen, ja seinen eigenen früheren widersprachen, wollte diesen Widerspruch dadurch heben, dass er annahm, dass Seewasser sein Dichtigkeitsmaximum über 0° habe. Für uns ist dieser Widerspruch natürlich durch diese Erklärung nicht gehoben, und wir müssen sie

---

(61) Narrative of an Attempt. to reach the North-Pole. London 1828. IV. p. 73.

(62) An Account of the Arctic Regions. T. I. p. 209.

anders erklären. Nach den hydrostatischen Gesetzen, die uns absolut keine Ausnahme erlauben, ist unmöglich anzunehmen, das Wasser sei von obenher erwärmt worden; wir müssen daher mit Bestimmtheit erklären, dass das Wasser seine höhere Temperatur unten erhalten habe, und zwar erhalten habe entweder durch eine warme Strömung, oder durch locale vulcanische Wärmequellen [63]. Wir wissen zwar, dass der Golfstrom sich soweit hinauf noch fühlbar macht, wir wissen ferner auch, dass er eine Tiefe von mehr als 700 Faden besitzt, könnten also wohl glauben dieser sei es, der die warmen Wasser bis hinauf ins Eismeer führe, und weil er durch den Frost oben seine Wärme verliert, sie nur noch unten merkbar bleibt; allein wir wissen durch directe Messungen, dass das Meer zwischen denselben Meridianen aber unter noch höherer Breite noch wärmeres Wasser in derselben Tiefe enthält wie zwischen Grönland und Spitzbergen, was wohl nicht stattfinden könnte, wenn die warmen Wasser durch einen von Süden kommenden Strom, ins Eismeer geführt worden wären, und uns bleibt daher nur die zweite Annahme, nämlich die, dass die wärmere Temperatur bedingt sei durch unterseeische Vulcane. Wir können dieser Hypothese um so mehr Vertrauen schenken, als wir durch Ueberlieferung wissen, dass jene ganze Gegend einst ein ganz anderes Aussehen gehabt hat, denn jetzt, wir brauchen

---

(63) Eine dritte Erklärung versucht Hr. Professor Dr. J. Müller in Freiburg in seinem Lehrbuche der kosm. Physik, Braunschweig 1861, p. 392 zu geben. Die betreffende Stelle lautet: „sollte. vielleicht dieselbe Ursache, welche veranlasst, dass die Temperatur der festen Erdrinde mit wachsender Tiefe immer mehr zunimmt, auch eine Erwärmung des Meeres von seinem Boden aus veranlassen?" Das Unzulässige dieser Erklärung liegt darin, dass eben jene Ursache die innere Erdwärme ist, und diese jedenfalls auf der ganzen Oberfläche der festen Erdrinde sich gleich stark zeigt. Würde das Wasser am Boden des Polarmeeres durch die innere Erdwärme erwärmt werden, so müsste in allen Meeren am Boden. wärmeres *Wasser gefunden* werden, nicht bloss im Polarmeere.

nur zu erinnern an die Wienlandfahrten der Normanen, wir brauchen nur den Namen Grönland (engl. Greenland) abzuleiten von „Grünes Land" um sogleich zu sehen, dass in jenem früher grünen Lande, in welchem vielleicht sogar der Weinstock gedieh, die höhere Temperatur bedingt gewesen sei, durch jetzt erloschenes vulcanisches Feuer. Aber wir haben noch mehr Anhaltspunkte als die blosse Ueberlieferung. Haben wir nicht, gleichsam ein gewaltiger noch lebender Zeuge aus jener vormals grünen, jetzt in Eis erstarrten Gegend, am Eingang jenes Meeres, das Glut- und Wasser-speiende Island, zeigt uns nicht ein Blick auf die Isothermenkarte, eine gewaltige Krümmung dieser Linien zu Gunsten jener nordischen Gegenden, und ist es nicht allbekannt, dass die Küste von Skandinavien sich noch jetzt aus dem Meere hebe? All das sind Zeichen einer vulcanischen Thätigkeit, und nur durch eine solche können wir obige Anomalie erklären, die eine vollständig locale ist, da weder an einer anderen Stelle im nördlichen Eismeer, noch im ganzen südlichen Aehnliches beobachtet wurde.

In den Meeren mittlerer und südlicher Breite sind auch einige Punkte aufgefunden, an denen die sonst rasch fortschreitende Temperatur-Abnahme fast unmerklich vor sich geht. So fand *Finlayson*[64] unweit des 2000 Fuss hohen Pics von *Narrondam* unter $13°,24$ N. B. und $94°,12$ Oestl. L. von Greenwich, dass das Wasser in 290 Faden Tiefe nur $1°,4$ C. kälter war als an der Oberfläche, und *Flenders*[65] fand unweit des Vorgebirges der guten Hoffnung unter $36°,30'$ S. B. die Temperatur der Oberfläche zu $17°,7$ und die in 150 Faden Tiefe zu $17°,2$. Auch durch *Lenz*[66] wurde unter $45°,53$ N. B. und $15°,17$ W. L. eine ungewöhnlich ge-

(64) Voyage to Siam and Hui etc. p. 33.
(65) Reise nach dem Australlande. Weimar 1816, p. 181.
(66) Physikalische Beobachtungen auf einer Reise um die Welt, unter dem Commando des Capitains Otto v. Kotzebue in den Jahren 1823, 1824, 1825 und 1826.

ringe Wärme-Abnahme gefunden, und *v. Horner*[67] erwähnt der Thatsache, dass an der Küste Amerikas im Golfstrom, das aus einer Tiefe von 100—150 Faden herausgezogene Bleiloth, über die Siedhitze des Wassers warm zu sein pflegt. Auch diese Angaben lassen sich nur erklären durch lokale unterseeische Vulcane, und gerade die letzte Angabe v. *Horners* gibt das schlagendste Beispiel, da Wasser von 100° C. absolut nirgends an der Oberfläche angetroffen wird, also nur am Grunde selbst, auf diesen hohen Temperaturgrad gebracht worden sein kann. Möge auch die Annahme hinlänglich gerechtfertigt erscheinen, dass das Wasser auf dem Meeresgrunde an einigen Stellen durch vulcanische Thätigkeit bis zu einem höheren Temperaturgrad erhitzt werden könne, so bleibt uns noch immer die schwierige Aufgabe, eine Erklärung zu geben für die Ausnahme von dem hydrostatischen Gesetz, das mit eiserner Nothwendigkeit verlangt, das leichtere Medium solle die höchsten, das schwerere die tiefsten Punkte suchen, und dauernd innehalten.

Wir können folgende Erklärung versuchen:

Niemand wird zweifeln, dass Wasser und Oel mit einander geschüttelt und gemengt, sich rasch wieder scheiden, und dass das Oel nach kurzer Zeit eine auf dem Wasser schwimmende Schicht bildet. Die zur Scheidung erforderliche Zeit hängt von der bewegenden Kraft und von den Widerständen ab, die der Bewegung sich entgegensetzen, also von dem Unterschied der specifischen Gewichte des Wassers und des Oels, und von den Reibungswiderständen zwischen Oel und Wasser. Eine Wassersäule von gleicher Temperatur und gleichem Salzgehalt tritt in stabilen Gleichgewichtszustand ein. Wird sie von unten erwärmt, so tritt ein Unterschied der specifischen Gewichte der an einander grenzenden Schichten ein. Die Grösse dieses Unterschiedes

---

(67) Gilbert Ann. LXIII. p. 276.

ist abhängig von der Grösse der Wärmedifferenz. Je geringer diese ist, um so kleiner ist die bewegende Kraft, um so langsamer wird daher die Diffusion einer Schicht in die nächstfolgende. Ist es überdiess der Fall, dass die folgende und höher gelegene Schicht einen grösseren Querschnitt hat als die vorangehende wärmere, so verbreitet sich die Bewegung auf eine grössere Masse, was ebenso eine Verlangsamung der Bewegung zur Folge hat. In der angeführten Tabelle ist die rascheste Wärmezunahme jene, welche *Fischer* beobachtet hat; einer Tiefenstufe von 60 Faden entspricht Temperaturzunahme von $7°,8$ C. Wäre die Zunahme eine stetige und gleichförmige, was freilich nicht erwiesen ist, aber wol auch nicht viel von der Wahrheit abweichen wird, so würde der Tiefe von einem Faden eine Temperaturzunahme von $\frac{7,8}{60}$ C. $= 0°,13$ C. entsprechen, sie würde also für 1 Fuss Tiefe nur $0°,021$ C. betragen.

Eine solche Temperaturdifferenz hat eine Differenz der specifischen Gewichte in nur folgendem Verhältniss zur Folge:

$$\frac{1,0281}{1,000000000} : \frac{1,0281}{0,999999614}.$$

Diese Zahlen ergeben sich leicht aus der früher von uns angegebenen Gleichung für die Ausdehnung des Meerwassers in den Grenzen $+ 10,°4$ C. und $- 7°,1$ C.:

$$V_t = 1 - 0{,}00001811900 \, t + 0{,}00000400310 \, t^2 + 0{,}00000083712 \, t^3.$$

Die bewegende Kraft ist also von äusserst geringem Belang, selbst wenn wir das von *v. Horner*[68] angeführte Beispiel dass nämlich im Golfstrom das aus einer Tiefe von 150 Faden herausgezogene Bleiloth eine Temperatur von $10°$ C. hat, in Rechnung nehmen. Der Golfstrom hat an seiner Oberfläche eine Temperatur von $+ 36°$ C.; es ergibt sich also eine Temperaturzunahme von $64°$ C. vertheilt

---

(68) *Gilbert* Ann. LXIII. p. 276.

auf 900′, mithin kommt auf 1 Fuss $0°,_{071}$ C., und eine Aenderung des specifischen Gewichtes im Verhältniss:

$$\frac{1,_{0281}}{1,_{00000000}} : \frac{1,_{0281}}{0,_{99999683}}.$$

Also auch ein verschwindend kleiner Motor.

Fehlt auch jeder Anhaltspunkt, um hiernach die Zeit zu berechnen, nach welcher ein stabiler Gleichgewichtszustand, oder eine gleichförmige Temperatur in einer solchen Wassersäule eintritt, so ist doch einzusehen, dass diese Zeit jedenfalls eine sehr grosse ist, und dass eben wegen der Grösse der Zeit, es in dem freien Meere *scheinen* kann, als wenn dauernd kälteres Wasser über wärmerem Wasser gelagert wäre.

Im Polarmeere kann das wärmere Wasser vielleicht auch noch anders erklärt werden.

Betrachten wir in der von *Fischer* (Nachtrag S. 59) erwähnten Tabelle den grösten Temperatur-Unterschied nämlich $42°,_5$ F (= $5°,_{83}$ C.) und $33°$ F (= $0°,_{55}$ C.) so finden wir in derselben Tabelle das specifische Gewicht für die Tiefe zu $1,_{0281}$ angegeben, während das der Oberfläche nur $1,_{0245}$ beträgt.

Unsere für die Ausdehnung des Meerwassers von $1,_{0218}$ spec. Gewicht berechnete Interpolationsformel lautet:

$$V_t = 1 - 0,_{00001841900} \, t + 0,_{00000400310} \, t^2 + 0,_{000000037712} \, t^3.$$

Nach dieser Formel wäre $V_{5,83} = 1,_{00019092}$ mithin das spec. Gewicht $= 1,_{0278}$. Nehmen wir dieselbe Formel auch für ein Meerwasser von $1,_{0245}$ spec. Gewicht für giltig an, was wohl ohne merklichen Fehler geschehen kann, so ist $V_{0,55} = 0,_{99999122}$ und das spec Gewicht $1,_{0246}$. Wir sehen also, dass Meerwasser, dessen Salzgehalt im Verhältniss der specifischen Gewichte $1,_{0245} : 1,_{0281}$ vermehrt wurde, trotz der Temperaturerhöhung von mehr als 5 Graden C. immer *noch schwerer* ist, ja wir können sogar mit Hülfe obiger *Formel leicht* berechnen, wie gross die Temperaturzunahme werden muss, um Meerwasser von 1,0311 spec. Gewicht auf das spec. Gewicht 1,0245 zu reduciren. Es sind beiläufig 12 Grade C. erforderlich.

Wir haben schon früher gezeigt, dass eine Zunahme des Salzgehaltes der Tiefe überall da zu erwarten steht, wo im Laufe des Jahres das Meer an der Oberfläche gefriert, und können also wol das wärmere Wasser am Boden des Polarmeeres durch erhöhten Salzgehalt zu erklären versuchen, können aber nicht die wärmere Temperatur am Boden des Meeres in solchen Breitegraden erklären, in denen das Meer nicht friert, wo wir also nicht im Frost eine Salzquelle haben, und müssen daher schon bei der ersten Erklärungsweise stehen bleiben, oder uns mit der Hypothese von submarinen Salzlagern, oder submariner Strömung, für die wir weiter keine Anhaltspunkte haben, belasten.

Nachdem wir jetzt die Gesetze des Gleichgewichtes der Meeresschichten ebenso gut entwickeln können, wie die Schichtenbildung und das Gleichgewicht des süssen Wassers, und zwar ohne von einem Dichtigkeitsmaximum Gebrauch machen zu müssen, glauben wir wol behaupten zu dürfen, dass das Dichtigkeitsmaximum beim Meerwasser, als unter dem Gefrierpunkte desselben liegend, keinen Einfluss auf die Physik des Meeres haben kann, ja dass in der Natur wol nie Wasser von der Temperatur der grössten Dichte getroffen werden wird, weil es nicht anzunehmen ist, dass eine grössere Wassermasse im Weltmeer vollständig vor jeder Bewegung bewahrt werden könne, also jedesmal vor Eintritt der Temperatur für das Maximum der Dichtigkeit bereits erstarren musste.

Die Frage nach einem Dichtigkeitsmaximum beim Meerwasser hat also nur theoretisches Interesse, und wir glauben, dass es vollständig unnöthig ist, sie jemals wieder aufzunehmen.

Taf. I.

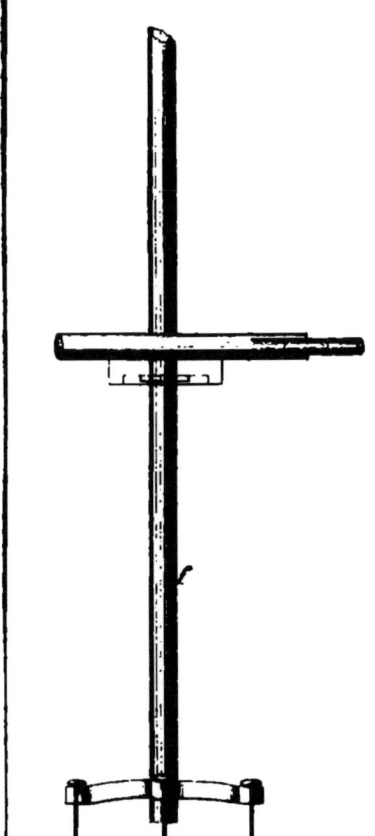

Taf. II.